江苏省海绵城市建设建筑与小区常用设施施工指南

李　澄　陈天放
乔红杰　杨　建　主编

河海大学出版社
HOHAI UNIVERSITY PRESS
·南京·

图书在版编目（CIP）数据

江苏省海绵城市建设建筑与小区常用设施施工指南 / 李澄等主编. -- 南京 : 河海大学出版社, 2022.9
ISBN 978-7-5630-7712-0

Ⅰ. ①江… Ⅱ. ①李… Ⅲ. ①市政工程－基础设施－工程施工－江苏－指南 Ⅳ. ① TU99-62

中国版本图书馆 CIP 数据核字（2022）第 170207 号

书　　名　江苏省海绵城市建设建筑与小区常用设施施工指南
Construction Guide for Common Facilities of Buildings and Communities in Sponge City Construction in Jiangsu Province
书　　号　ISBN 978-7-5630-7712-0
责任编辑　杜文渊
特约校对　李　浪　杜彩平
封面设计　舒　怀　卢春霞
出版发行　河海大学出版社
地　　址　南京市西康路1号（邮编：210098）
电　　话　（025）83737852（总编室）　（025）83722833（营销部）
经　　销　江苏省新华发行集团有限公司
排　　版　南京布克文化发展有限公司
印　　刷　南京迅驰彩色印刷有限公司
开　　本　787 毫米×1092 毫米　1/16
印　　张　14
字　　数　315千字
版　　次　2022年9月第1版
印　　次　2022年9月第1次印刷
定　　价　128.00元

《江苏省海绵城市建设建筑与小区常用设施施工指南》编委会

敬　告

为编好《江苏省海绵城市建设建筑与小区常用设施施工指南》一书，编者已与引用图片的作者进行了广泛联系，得到了各位作者的大力支持，我们表示衷心的感谢！但由于少数作者的姓名和地址不详，无法取得联系，在此深表歉意！

序

2013 年 12 月，在中央城镇化工作会议上，习近平总书记指出：“要建设自然积存、自然渗透、自然净化的海绵城市”。通过海绵城市建设，综合采取“渗、滞、蓄、净、用、排”等措施，最大限度地减少城市开发建设对生态环境的影响，将 70% 的降雨就地消纳和利用。2014 年以来，国务院以及住房和城乡建设部等相关部门先后出台了系列政策和技术文件，科学指导全国海绵城市建设工作。2015 年以来，财政部、住房和城乡建设部、水利部先后组织开展了一批海绵城市建设试点城市和两批示范城市竞争性申报，并给予中央财政补助，旨在通过海绵城市建设、试点和示范，探索不同区域、不同气候、不同地质条件下，可复制、可推广的经验，指导全国科学推进海绵城市建设。

自国家提出海绵城市建设要求以来，江苏省住房城乡建设系统认真领会习总书记指示，顺应自然，有机结合“绿色”和“灰色”基础设施，重在健全工作机制。按照国家和省委省政府决策部署，以“节水优先、空间均衡、系统治理、两手发力”为总体思路，坚持规划引领、源头减排、过程控制，坚持点面结合、整体提升，综合提升城市排水防涝和面源污染治理能力。以国家试点城市镇江模式为引导，江苏省开展了省级海绵试点城市与示范项目建设，确定南京、无锡、昆山等 14 个试点城市和 15 个示范项目，省财政安排专项资金进行引导，以点带面，引领推动，系统推进全省海绵城市建设。

随着海绵城市建设深入实施，江苏省海绵城市建设取得了一定成效，建成了一批优质项目，总结了众多经验做法，培养了一批专业人员、收获了大量的技术成果，为江苏省系统化全域推进海绵城市建设奠定了基础，但在此过程中，仍有部分城市建设管理部门、相关技术单位和施工单位等对海绵城市理念认识不到位、理解有偏差、实施不系统，影响海绵城市建设成效。2022 年 4 月，住房和城乡建设部办公厅印发《关于进一步明确海绵城市建设工作有关要求的通知》，提出了海绵城市建设的正确路径和方式方法，并将典型的错误做法进行罗列，起到正本溯源、去芜存菁的作用。江苏省住房和城乡建设系统也将在国家和省委省政府的部署下，直面问题、深度思考，在边实践、边总结、边改进，再实践、再总结、再改进的螺旋式推进中不断提升海绵城市建设水平。

本书以图文并茂的方式将建筑与住区中常见海绵设施建设要求、施工工序与技术、注意事项以及应避免的问题逐一梳理汇编，形成本施工指南，旨在通过言简意赅和通俗易懂的形式，帮助施工人员正确领会海绵设施施工要领，迅速掌握施工技术细节，有效提高实际操作水平，同时也可为从事海绵城市项目设计和管理等人员提供参考。

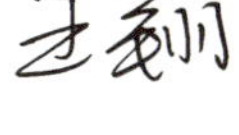

原江苏省住房和城乡建设厅巡视员
江苏省风景园林协会理事长
江苏省海绵城市联盟理事长
2022 年 9 月

前　言

为进一步规范海绵城市建设，提高海绵设施施工技术水平，在省住房和城乡建设厅、省内相关城市行业主管部门和业内专家的指导下，江苏省城镇供水安全保障中心、江苏省建设工程设计院有限公司和南京洞见环境科技有限公司会同有关单位，对各地海绵城市建设项目进行剖析和总结，对项目施工过程中存在的主要问题提出正确的解决方法。同时，借鉴国内外的成功案例，根据江苏省的水文、地质和气候等特征，在广泛征求从事海绵城市规划设计、施工和质检等一线实操人员的意见建议的基础上，编制了《江苏省海绵城市建设建筑与小区常用设施施工指南》。

江苏各地在海绵型建筑与小区建设过程中，因地制宜采用多种海绵技术和设施。本书仅针对使用频次高、具有普适性且建设质量需要重点管控的设施进行施工过程解析，透水铺装、绿色屋顶等已有较完善的技术标准体系，故不在本书中详细阐述。本书按照海绵技术措施的使用频次、复杂程度和构件重要程度进行组合、编排，同时各地在海绵城市建设试点示范过程中也开展了相关新技术、新产品的应用，一些常用灰色设施作为绿色设施的有机补充，也发挥了重要作用。因此本书对海绵型建筑与小区中应用条件较为成熟的灰色设施一并进行施工建设引导，也体现了“绿色优先，灰绿结合”的海绵城市建设要求。本书共分为以下四个篇章：

第一篇，生物滞留池。本篇详细介绍了海绵城市建设项目主体设施生物滞留池的施工过程，包括施工步骤、各种竖向处理及注意事项等内容，明确了生物滞留池的适用场地类型，并展示了不同建设场地中生物滞留池的建成实景。

第二篇，下凹式绿地、常用植草沟、卵石沟、渗井。本篇重点讲述了下凹式绿地、转输型植草沟、卵石沟以及渗井的施工步骤、施工注意事项和后期养护等内容，详细展示了以上几种海绵设施的各种竖向细节处理方式和常用形式。

第三篇，小型装置及附属设施。本篇针对雨水管、开口侧石、导流槽、雨落水管系统截留设施、截污挂篮等海绵城市建设项目设施主体常用的前置小型装置和附属设施进行了详细阐述，重点讲述了以上设施的施工工序、施工要点和不同场地的变换方式；同时展示了在前期施工过程中防止污染环境、有损雨水口和海绵设施主体（生物滞留池、下凹式绿地、植草沟等）的各种保护措施。

第四篇，地埋装配式雨水收集回用系统。本篇介绍了地埋装配式雨水收集回用系统的功能和作用，重点展示了钢结构蓄水池、塑料结构蓄水池、混凝土结构蓄水池和高密度聚乙烯蓄水管笼四种结构回用装置的施工工序、施工要点和管道、设施、设备的安装方式，并介绍了地埋装配式雨水收集回用系统功能性试验和质量验收的方法和流程。

目 录

第一篇 生物滞留池

第二篇 下凹式绿地、常用植草沟、卵石沟、渗井

第三篇 小型装置及附属设施

第四篇 地埋装配式雨水收集回用系统

第一篇
生物滞留池

1 本篇总则

1.1 编制目的

为全面贯彻落实国家关于海绵城市建设的相关要求，快速、高效、高质量地推进江苏省海绵城市建设，指导与规范江苏省生物滞留池的施工过程，我们结合江苏省的实际情况，制定了本篇内容。

1.2 适用范围

本篇内容结合了江苏省内生物滞留池建设的相关经验和研究成果，针对省内的气象、水文、地形、地质等特点，适用于江苏省内新建、改建、扩建的建筑与小区、绿地、道路与广场、水务系统的生物滞留池建设，供施工选用。

1.3 基本原则

1. 在生物滞留池的施工过程中，应统筹室外总平面、园林景观、建筑、室外管线等方面使之相互配合施工。

2. 对生物滞留池的施工过程应进行全过程、全方面的管控，保证生物滞留池高质量、高效率地施工。同时，应制定相应的维护措施，保证建成后能够高效工作，降低维护成本。

3. 在江苏省各地生物滞留池施工过程中，除符合本指南外，还应符合国家现行的相关法律法规、规范及标准的规定。

2 生物滞留池简介

1. 概念：生物滞留池是生物滞留设施的一种常见形式，是一种建设在地势较低的区域，通过植物、土壤和微生物系统蓄渗、净化雨水径流的设施。

2. 功能：生物滞留池不但能滞蓄雨水径流，还能通过植物、土壤和微生物的物理、化学和生物的三重协同作用来实现水质净化，是海绵城市建设的常用设施。

3. 剖面结构：生物滞留池自上而下设置超高层、滞留层、覆盖层、过滤层、过渡层、排水层、防渗层。

4. 平面布置：生物滞留池平面包括与周边衔接的护坡、进水口（防冲刷设施）、溢流井、溢流井盖、检查口（反冲洗口）等组成部分。

5. 建设基本要求：应严格按照各地海绵城市领导小组办公室（简称“海绵办”）核查后的海绵城市建设施工图进行建设；建成的生物滞留池应当保证景观优美、汇流顺畅、排水安全、功能达标，生物滞留池的施工单位应具备市政和景观工程的施工经验。

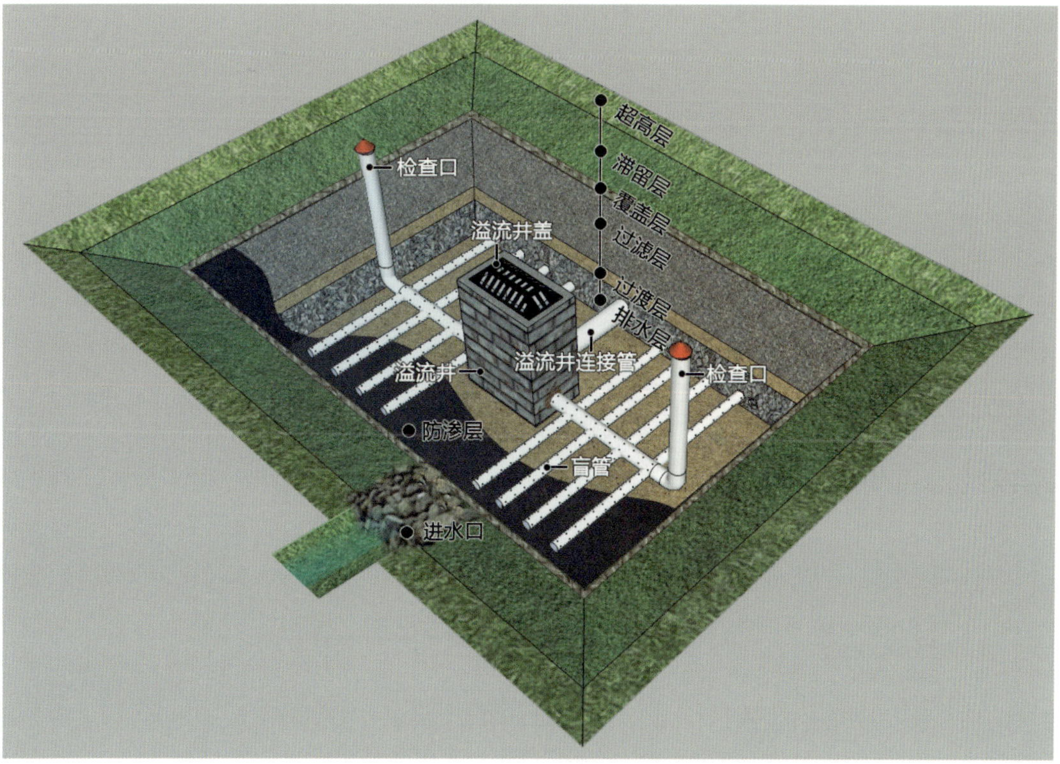

3 施工工序

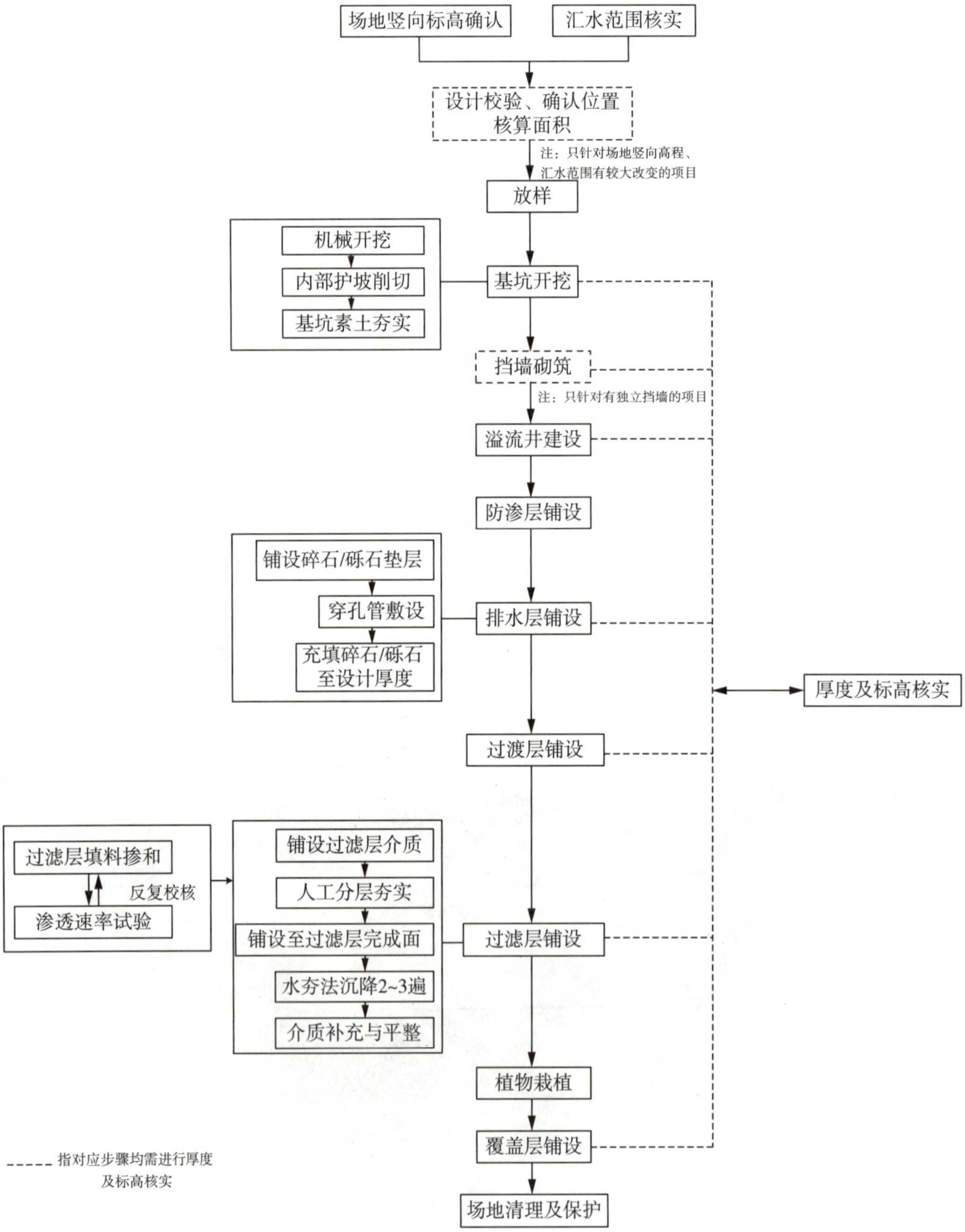

生物滞留池施工工序图

4 施工要点

4.1 竖向衔接

4.1.1 总体要求

1. 场地竖向处理直接影响场地内部雨水径流控制效果以及雨水排放安全；场地竖向处理应满足地面自然排水要求，坡度不宜小于 0.3%。

2. 施工时应注重场地及设施的竖向衔接，生物滞留池应设置在其汇水分区内最低点，在汇水范围内雨水通过自然汇流或设施导流进入生物滞留池。

4.1.2 场地竖向确认

1. 在建设生物滞留池时，应先对场地竖向地形进行确认，确保雨水能够顺利汇流进入生物滞留池。

2. 按照施工图纸核算开挖深度，核对完成面标高，检查溢流井口标高在竖向上能否与汇水分区内的道路、铺装、绿地顺利衔接。

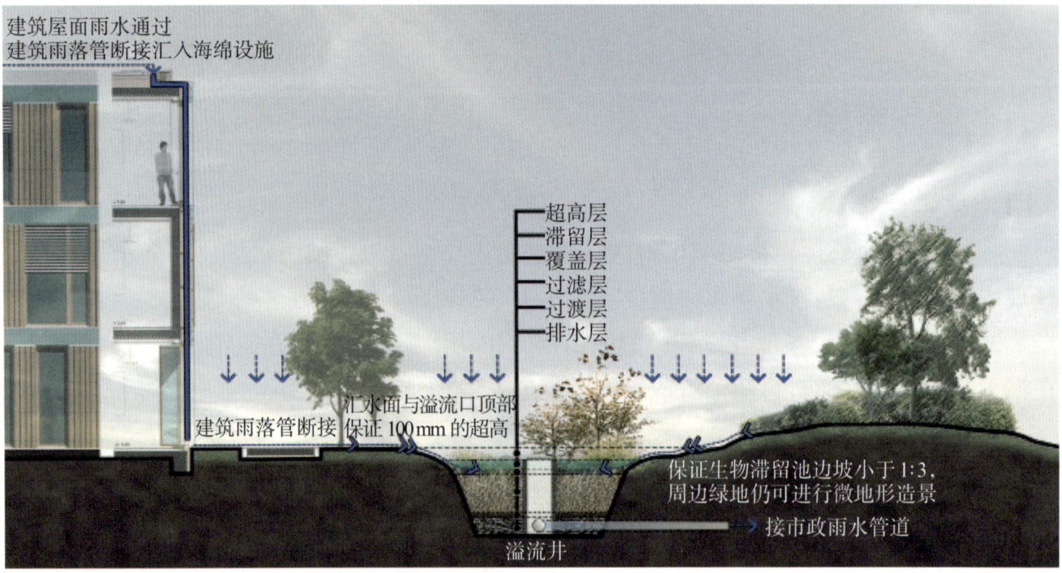

4.1.3 场地竖向衔接

1. 生物滞留池开挖、整坡、介质回填等各环节，均应当满足场地坡度、坡向以及生物滞留池整体的深度、各层级厚度要求；生物滞留池深度应包括排水层、过渡层、过滤层、滞留层、超高层所对应的厚度。

2. 汇水面与滞留层之间应设置 100 mm 的超高，以防止雨量过大或者溢流口堵塞导致场地积水。

3. 滞留层深度应根据生物滞留池与周边场地的竖向关系、植物耐淹性能和土壤渗透性能等因素综合确定，宜为 200 mm。

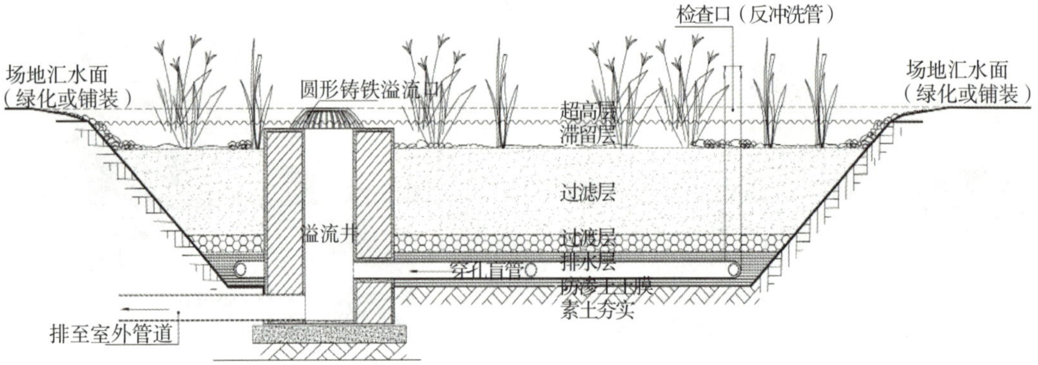

4.1.4 常见问题

问题：场地竖向标高反向，周边雨水不能汇入生物滞留池。

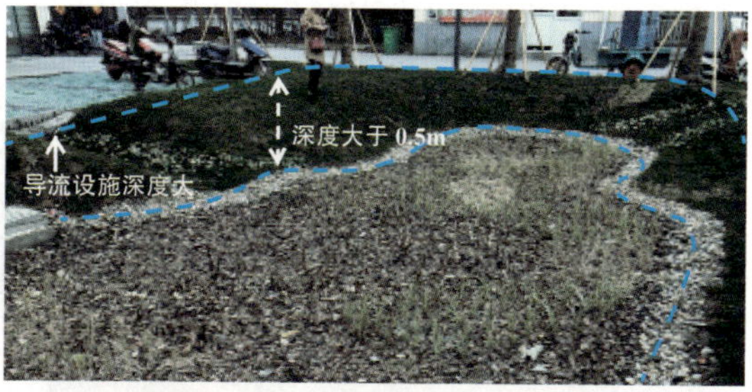

问题：导流设施深度大以及周边绿化堆土高，导致生物滞留池深度大，与周边衔接突兀。

问题：生物滞留池作为蓄水、排水设施，并未位于场地最低点，导致降雨时其他地方积水严重，而生物滞留池内无雨水进入。

问题：1. 溢流口标高高于场地汇水面标高，无法发挥溢流功能；2. 溢流口溢流能力难以满足超标雨水排放要求。

4.2 放样

4.2.1 基本要求

1. 如项目整体施工过程中存在竖向标高的改变，生物滞留池的位置应根据实际情况进行调整，并履行相应变更手续。为保证足够的高差和雨水顺利接入，应在放样前采用专业仪器进行标高核对，整体移动生物滞留池，确保其位于汇水分区的内低点。

2. 生物滞留池放样应尽量避让已建管线以及其他拟建敷设管线，可由设计单位对生物滞留池位置及形状进行调整，防止基坑开挖对管线的破坏。避免燃气、电力等管线直接穿越生物滞留池。

3. 生物滞留池内部护坡具有两种样式，在场地条件地允许的情况下，宜采用自然缓坡型，在场地条件有限的情况下可采取直壁砌筑挡墙的方式。

4.2.2 自然缓坡型

在场地条件地允许的情况下，例如小区绿地、公园等，建议生物滞留池采用自然缓坡型，其放坡应注意以下内容：

1. 放样应当注重生物滞留池位置、规模、形状以及与周边场地、设施衔接等内容。

2. 放样可采用网格放样或者定点放样等方式，但应确保生物滞留池位置、面积、形状的合理性。

3. 自然缓坡型的生物滞留池应按施工图采用3条线放样，从上到下分别是上口线（与场地衔接线、1号线）、完成面对应的线（2号线）、开挖面底部对应的线（3号线）。为了开挖坡度的准确性，在放线时应放出底面（3号线）及完成面（2号线）两条线。

4. 生物滞留池与周边场地的衔接坡度（1号线与2号线之间的边坡）应小于1∶3；2号线与3号线之间的边坡应小于2∶1。

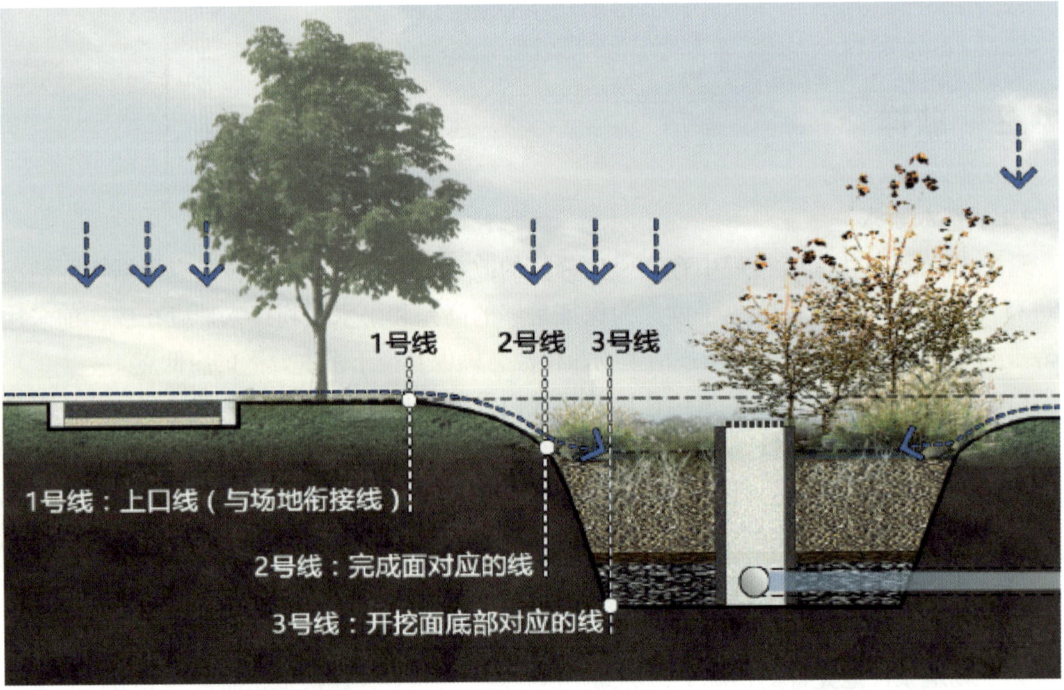

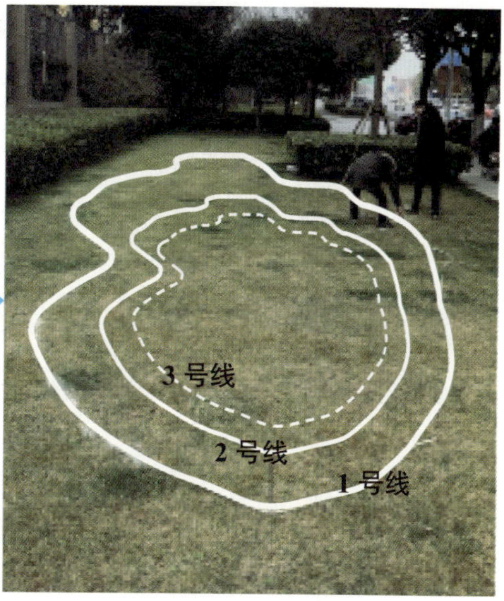

问题：放线时不应仅放一根线，更不应该只放外侧 1 号线。

4.2.3　直壁砌筑挡墙型

1. 在场地条件有限的情况下，例如道路、停车场的绿化带，侧石所对应的边缘可直接作为生物滞留池的硬质护坡，放样时生物滞留池边界以道路、铺装边线为界。

2. 对于行车速度慢、车流量小的支路、停车场、广场等用地，生物滞留池边缘可不设侧石，但应设置警示牌，防止行人或车辆跌入。

3. 对于快速路、主干道、机动车流量相对较大、限速较高的道路，生物滞留池边缘建议保留侧石。

（1）在建设生物滞留池的区域，宜改变传统侧石做法，可采用砌筑挡墙或者厚度较宽的侧石来替代原有的侧石形式，避免基础裸露。砌筑挡墙必须满足道路侧石建设要求。

（2）常见问题：

① 传统的侧石多采用圬塝作为结构支护，由于生物滞留池在传统绿化的基础上整体进行了下凹，因此圬塝多半会裸露难以处理，影响景观效果。

上述问题可通过如下方式解决：增加内部结构支护，保证下凹深度和边坡稳固。

② 生物滞留池位于面积较小的绿化带时，采用“大池中套小池”会影响景观效果，可直接以侧石为边界建设生物滞留设施，扩大生物滞留设施面积，同时相应减小下凹深度，保证整体景观协调性。

4.3 开挖

4.3.1 开挖步骤

1. 生物滞留池应以内部 2 号放样线为基准进行开挖，开挖分为两步：

（1）第一步：基坑开挖，以 3 号线为坡底，2 号线为坡顶；开挖边坡不得大于 2∶1，以保证基坑边坡的稳固。

（2）第二步：采用人工整土（自然缓坡型生物滞留池），整土至与绿化标高顺接，即整理滞水层及超高对应的边坡，坡度不得大于 1∶3。

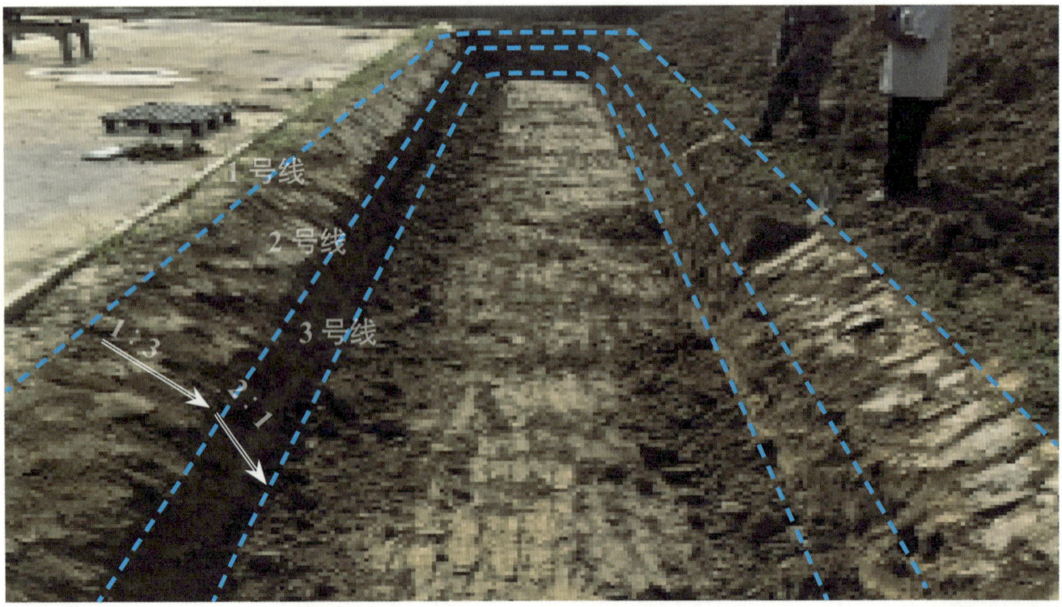

4.3.2　注意事项

1. 生物滞留池基坑开挖完成后，应及时清理周边挖出的土方，避免土方坍塌掉入基坑，防止其对生物滞留池深度、性能造成影响。

2. 如果不能及时清理，应尽量将土方堆放至远离基坑的位置；同时生物滞留池四周及预留进水口应采取设置临时挡水坝 / 袋等防止水土流失的措施，防止土方塌陷进入基坑。

3. 生物滞留池施工期间的水泥混凝土拌合等作业应在基坑外围进行，避免因重型机械碾压、水泥混凝土拌合作业等影响基层土壤渗透性能。

4.3.3　常见问题

问题：基坑开挖后，土方未及时进行清理，容易造成坍塌。

问题：基坑开挖完成后，开挖出的土方以及回填用的土方未采取有效保护措施进行堆放，易造成回填介质污染。

4.4　素土压实

4.4.1　底部素土压实要求

1. 素土压实应符合设计要求，设计未明确时，素土夯实度不宜小于 87%，且应保持内部平整。

2. 基坑夯实后，应进行深度测量，深度应满足设计要求，即应满足排水层、过渡层、过滤层、滞留层、超高及周边汇水的要求，如果深度不符合要求应进行回填或者切削。

4.5 直壁型挡墙砌筑

4.5.1 适用情况

在场地条件有限、基坑坡度无法达到 2∶1 的情况下（例如道路、停车场的狭长绿化带），生物滞留池可直接以侧石为边界，或者设置砌筑挡墙，以保证结构的稳定性。

4.5.2 砌筑要求

1. 挡墙顶部标高宜低于生物滞留池完成面（滞留层顶面）5~10 cm，通过回填覆盖防止硬质边缘裸露。

2. 直壁砌筑挡墙型生物滞留池砌筑池壁时，应按照设计要求预留好雨水管道接口。

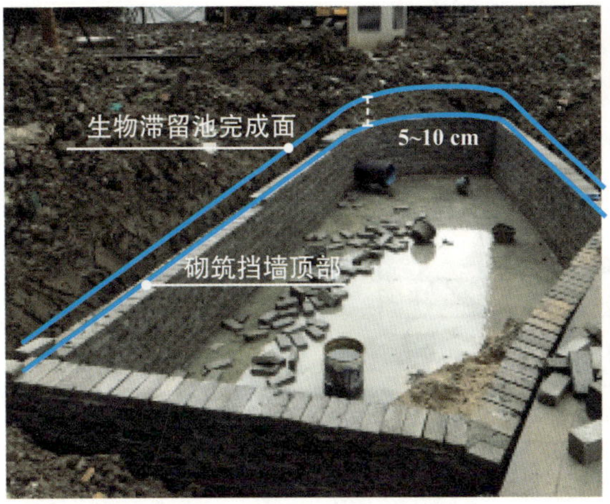

4.5.3 常见问题

问题：在场地条件允许的情况下，采用了直壁砌筑挡墙型生物滞留池。

问题：1. 在场地条件允许的情况下，采用了直壁砌筑挡墙型生物滞留池；2. 挡墙顶部高于生物滞留池完成面，硬质边缘裸露于地表，影响景观效果。

4.6 溢流井建设

4.6.1 溢流井建设要求

1. 严格按照施工图设计进行溢流井建设，且应该满足《排水检查井》(02S515)、《塑料排水检查井－井筒直径 Φ700~Φ1000》(16S524)等规范、图集的施工要求。

2. 不得采用竖向管道替代溢流井。

3. 盲管管顶标高应不低于出流管管顶标高，即至少应采用管顶平接的方式进行管道衔接。

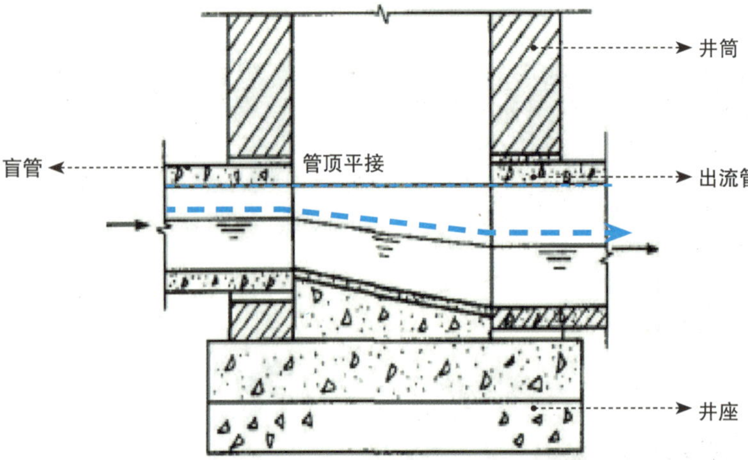

常见检查井排水管道高程衔接示意图

4. 溢流井可采用落底式或流槽式，一般项目宜采用落底式溢流井，以便于沉泥清理以及后期观察，需进行监测评估的项目应采用流槽式检查井以保证后期监测数据的准确性。

5. 溢流井材质可以采用砖砌型、钢筋混凝土砌筑型、混凝土模块拼装式或者塑料成品溢流井。

落底式塑料溢流井筒

流槽式塑料溢流井筒

4.6.2 砖砌溢流井

1. 砌筑溢流井时应核实井底标高且符合以下两个条件：

（1）满足排水盲管接入，且具备流槽或落底空间。

（2）满足溢流井出流管与下游雨水管道保持管顶平接的要求。

2. 安装溢流井井盖后，应核实溢流井初始溢流面（井座顶面）标高是否满足 4.1.3 中对滞留层、超高层的厚度要求。

3. 应按照设计要求在井壁预留好盲管以及溢流井出流管对接孔洞。

4. 溢流井尺寸应与生物滞留池的比例相协调，井座外井圈裸露部分尺寸不宜过大。

5. 溢流井井筒砌筑尺寸应与对应的溢流井井盖尺寸相协调，溢流井盖孔口面积应满足设计暴雨排放的要求。

4.6.3 塑料溢流井

1. 采用塑料溢流井时，应尽量减少溢流井井筒外露对景观造成的影响。

2. 塑料溢流井应采取符合国家标准的材质和壁厚，防止暴露日晒引发塑料老化，保证溢流井在设施内部的结构稳定性。

3. 塑料溢流井具体安装方式如下图所示：

Step1 铺设基础

Step2 安装井座

Step3 井筒切割

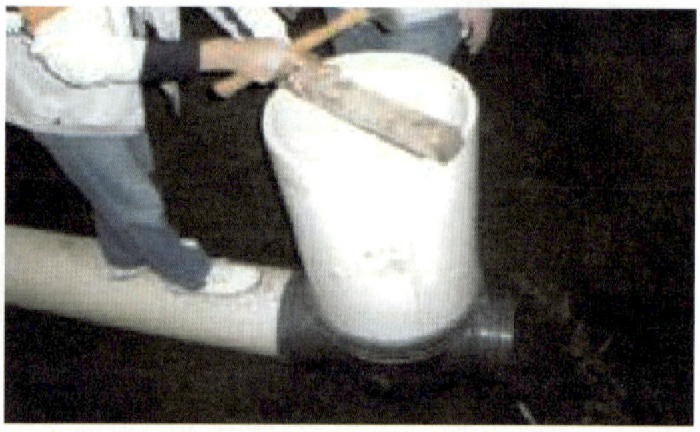

Step4 安装井筒

Step5 井筒开孔

Step6 安装管线

4.6.4 溢流井盖

1. 溢流井盖应该满足汇水范围内设计暴雨排放，且应简洁、美观、尺寸适合，并具有防堵塞的能力；

2. 由于生物滞留池溢流口设置于绿地中，应采用棱台形或穹形等立面式防堵塞溢流井盖，以保证在异物堵塞时仍具备雨水排放能力。

4.6.5 常见问题

问题：1. 溢流井井盖尺寸与溢流井不协调；2. 井座裸露处理生硬突兀。

问题：溢流井尺寸与生物滞留池尺寸不协调。

问题：1. 用溢流管替代溢流井，溢流排水能力严重不足；2. 细隔网作为溢流口，极易堵塞，导致排水不畅，存在安全隐患。

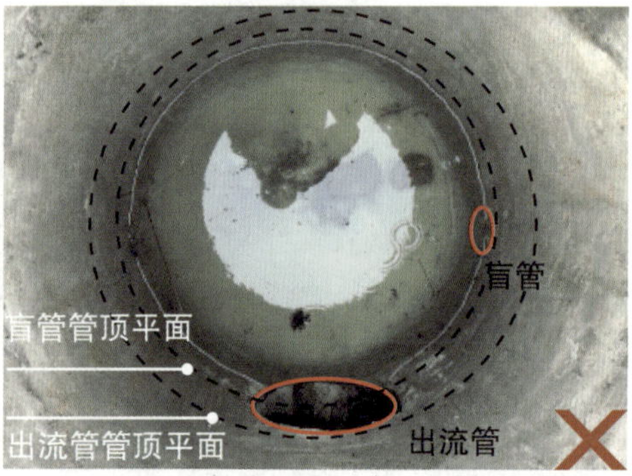

问题：盲管与出流管管顶未平接，排水不畅，滞留池不能充分发挥孔隙滞留作用。

问题：1. 溢流井井口低于完成面，极易造成短流不能发挥滞留作用；2. 溢流井井盖采用平面形式，未设置防堵设施，导致排水不畅，存在安全隐患。

问题：1. 井口安装过低，未按照设计高度要求设置滞留层；2. 溢流井井盖孔口面积大小难以满足暴雨排放的要求。

4.7 防渗层铺设

4.7.1 基本要求

1. 当生物滞留池底面距离地下水位（丰水季）距离小于 0.5 m，或距离建筑物基础小于 3 m 时，应在生物滞留池底部以及周边设置防渗层。

2. 当生物滞留池位于地下车库等地下建筑物顶板之上或底部出水需要进行集蓄回用时，应在底部、周边设置防渗层。

4.7.2 材质要求

1. 防渗层材料应符合设计要求，设计未明确时，可选用 HDPE 膜、SBS 防水卷材土工布、PE 防水毯、GCL 防水毯等材料。

2. 防渗层材料设置应符合设计要求，设计未明确时，防渗材料（布、毯、膜）的渗透速率应小于 1×10^{-8} m/s。

HDPE 膜

GCL 防水毯

PE 防水毯

SBS 防水卷材

4.7.3 铺设要求

1. 防渗材料应与周边地基和结构物连接形成完整的密封系统；铺设防渗层的地表应保持平整，不得有坚硬突起物，防渗层铺设应尽量避免出现皱褶、波纹。

2. 已建溢流井井底位于防渗层以下时，应对防渗材料进行适当裁剪，留出溢流井位置，并将防渗材料与溢流井外壁紧密贴合，形成完整的密封系统。

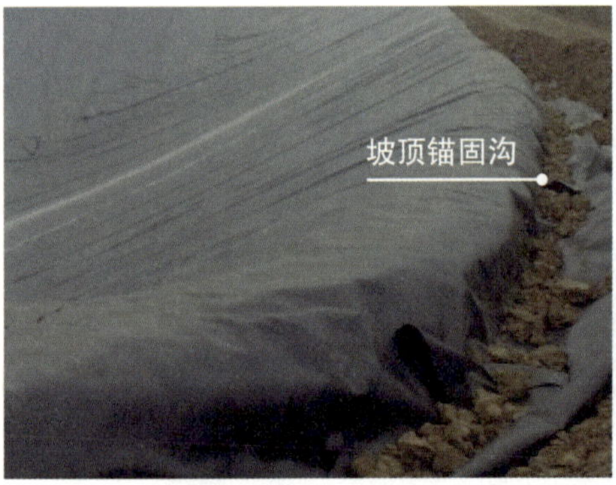

3. 防渗材料拼接时，可进行搭接和缝接，平地搭接宽度不小于 0.3 m，不平地面或极软土地基表面的搭接宽度不小于 0.5 m。

4. 防渗材料铺设时，应从高位向底部延伸，不要拉得太紧，应留有 1.5% 的余幅以备局部下沉拉伸，相邻两幅的纵向接头不应在同一条水平线上，应相互错开 1 m 以上。

5. 防渗材料铺设时，气温宜为 5 ℃~40 ℃。考虑到防渗材料的热胀冷缩性，根据材料性质，天气冷时防渗材料的铺设应绷紧，天气热时应适当松弛。

4.8 回填介质准备

4.8.1 基本要求

1. 过滤层、过渡层、排水层铺设均属于基坑的回填工作，回填介质的粒径级配直接关系到生物滞留池的结构稳固性和性能。

2. 生物滞留池过滤层、过渡层、排水层一般由粉沙粒、中粗砂、圆砾或角砾等回填介质分层回填组成。各层材料的颗粒粒径，不宜超过邻层较小颗粒的 6~8 倍。

3. 各层回填介质粒径详见各层材质要求，可按下表将回填介质进行分类对应：

生物滞留池回填介质粒径对应表

回填介质名称		粒径范围（mm）
漂石或块石		＞200
卵石或碎石		20~200
圆砾或角砾	粗	10~20
	中	5~10
	细	2~5
沙粒	粗	0.5~2
	中	0.25~0.5
	细	0.1~0.25
	极细	0.05~0.1
粉粒	粗	0.01~0.05
	细	0.005~0.01
黏粒		＜0.005

问题：1. 生物滞留池粒径分级错误，导致回填介质直接通过排水盲管逐渐漏失，最终形成失陷坑；2. 各层未分层压实，会导致生物滞留池填料层稳固程度差。

4.9 排水层铺设

4.9.1 材质要求

1. 排水层采用粗圆、角砾石进行铺设，排水层介质粒径应控制在 10~20 mm 之间。

2. 排水层最小粒径不得小于排水盲管开孔孔径的 1.5 倍，以防止排水层介质通过排水盲管孔洞渗漏并堵塞排水盲管。

3. 排水层介质粒径应均匀，最大粒径与最小粒径的比值宜控制在 2 以内。

4. 排水层介质应在干燥情况下筛分 2~3 遍，以防止水分粘连筛分不彻底。

角砾

圆砾

5. 应保证排水层介质的洁净程度，清洗后进行铺设，清洗后的废水应沉淀后排入污水管道，沉淀后的泥浆严禁冲入排水管道。

4.9.2 铺设要求

1. 排水层厚度一般为250~300 mm，应在铺设完毕后轻微压实，并保证排水层相对平整。

2. 排水层应与排水盲管结合布设，排水层砾石应将排水盲管覆盖，并保证排水盲管起端管顶、末端管底均具有至少 50 mm 厚的砾石层。

4.9.3　常见问题

问题：排水层回填介质筛分前未进行干燥，潮湿状态下介质筛分不彻底。

问题：排水层介质未进行清洗直接回填，造成二次污染且堵塞盲管。

问题：排水层粒径介质大小不够均匀，粒径分布跨度大，容易导致过渡层介质渗漏进入排水层。

问题：排水层回填介质随意堆放，没有防止被污染的措施，易造成施工场地杂物进入。

问题：1. 排水盲管上砾石覆盖层仅 1~2 cm，没有起到保护排水盲管的效果；2. 砾石最小粒径小于盲管开孔孔径，砾石极易通过排水盲管孔洞漏失进入排水盲管。

4.10 排水盲管敷设

4.10.1 材质要求

1. 排水盲管材质应符合设计要求，设计未明确时，可采用 PVC 管、PE 管、双壁波纹管等，但不得使用柔性透水管，且材质需满足相应的规范要求。

2. 排水盲管管径应符合设计要求，管径不小于 de110 mm，不大于 de160 mm。

3. 排水盲管开孔要求

（1）开孔率应在 0.5%~1% 之间，开孔间距应均匀，环刚度符合抗压要求。

（2）开孔孔径：

① 开孔孔径应小于排水层砾石最小粒径，防止排水层砾石漏入管道内。

② 采用圆形开孔时，开孔孔径应介于 4~6 mm 之间。

③ 采用长条形开槽时，开槽宽度不宜大于 2 mm，纵向长度宜为 20~30 mm。

4. 为防止排水层回填介质通过盲管孔洞漏失，可采用耐水解的纱网进行包裹，纱网可选 80 目、100 目、200 目 3 种规格，但不建议采用透水无纺布包裹。

4.10.2　布置要求

1. 排水盲管采用支状布置形式，应保证排水盲管主管末端顺接进入溢流井。

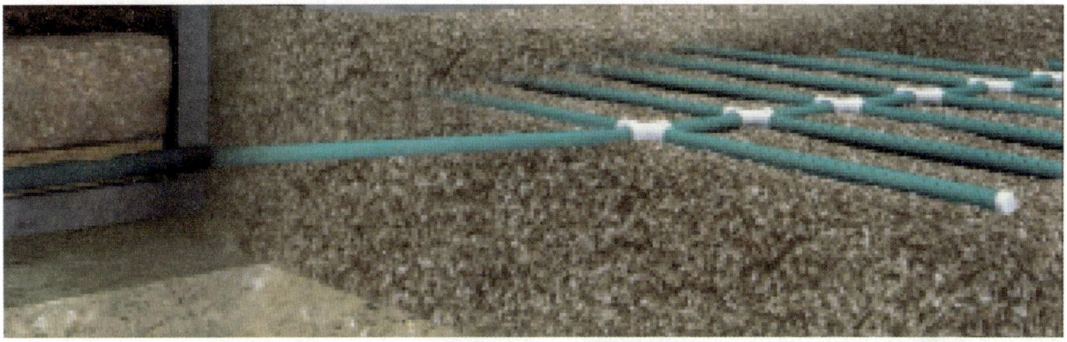

支状敷设的排水盲管

2. 面积在 100 m^2 以下的小型生物滞留池排水盲管间距应不大于 1.5 m，面积在 100 m^2 以上的大中型生物滞留池排水盲管间距应介于 2.5~3 m 之间。

排水盲管的间距要求

3. 排水盲管坡度宜不小于 5‰，保证过滤后的雨水顺利排出。

4. 排水盲管管顶应不低于溢流井出流管管顶。

4.10.3　施工方式及过程

1. 敷设方式一：

（1）第一步：采用木楔固定管道的起、中、末端，使管道具有一定的排水坡度，并保证盲管起、末端均有 50 mm 保护层（详见 4.9.2-2）。

（2）第二步：铺设排水层砾石并使其完全覆盖排水盲管，确保其平整并达到设计厚度。

step1：木楔控制坡度

step2：铺设排水层

2. 敷设方式二：

（1）第一步：先铺设 5 cm 左右碎石垫层，并从管道起点至末端适当找坡。

（2）第二步：在碎石上敷设排水盲管。

（3）第三步：铺设排水层砾石并使其完全覆盖排水盲管，确保其平整并达到设计厚度。

step1　铺设部分砾石

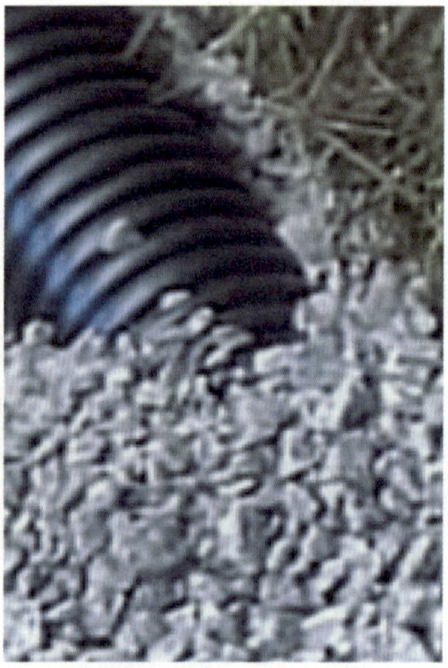

step2　敷设排水盲管

step3　继续铺设砾石层

4.11　检查口架设

4.11.1　材料要求

1. 检查口连接管道

（1）检查口管道由于长期裸露于地表，应采用防止光降解和热氧老化的管材，如

PVC 管材。

（2）检查口管道管径应为 de110 mm 或 de160 mm，应与排水盲管管径相匹配。

（3）检查口管道应为实壁管，不得进行开孔。

2. 检查口防护罩

（1）检查口应采用防护罩进行遮挡，防护罩既要保证通气效果，也要防止杂物进入管道内部。

（2）防护罩应便于打开，对管道内部进行观察。

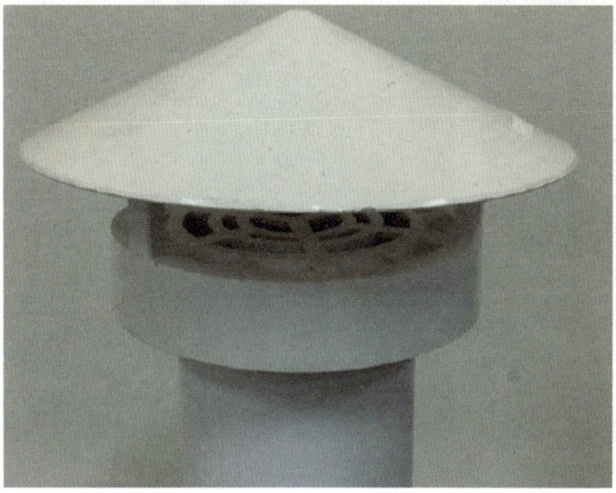

4.11.2　架设要求

1. 每个生物滞留池均应设置检查口，便于后期的观察与维护，同一生物滞留池内检查口不宜超过 2 处。

2. 检查口管道应设置在排水盲管主管远离溢流井的起端，应通过 90° 弯头进行连接，随排水盲管同时架设。

3. 为便于后期观察，检查口应高于完成面 50 cm 以上，施工过程中可适当预留，便于后期调整高度。

4. 检查口管道应采用植株较高的草本、灌木进行遮挡。

4.11.3 常见问题

问题：检查口设置数量过多，影响整体景观效果。

问题：检查口高度过低，难以满足生物滞留池淹没时的检修。

问题：1. 检查口连接方式脆弱，难以抵抗普通外力破坏；2. 周边未用植物进行遮挡。

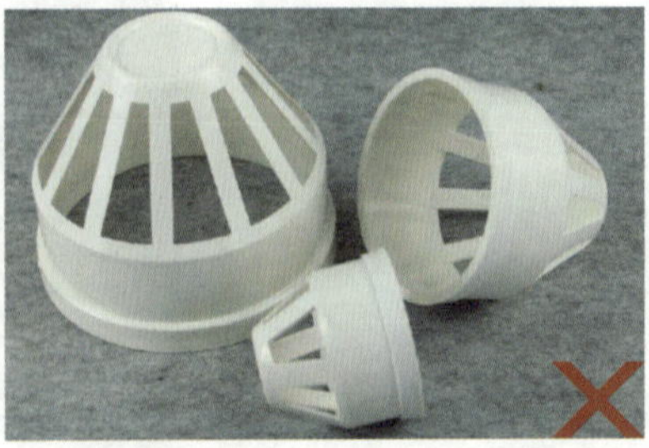

问题：防护罩具有较大孔口，未设置防护措施，杂物易进入管道。

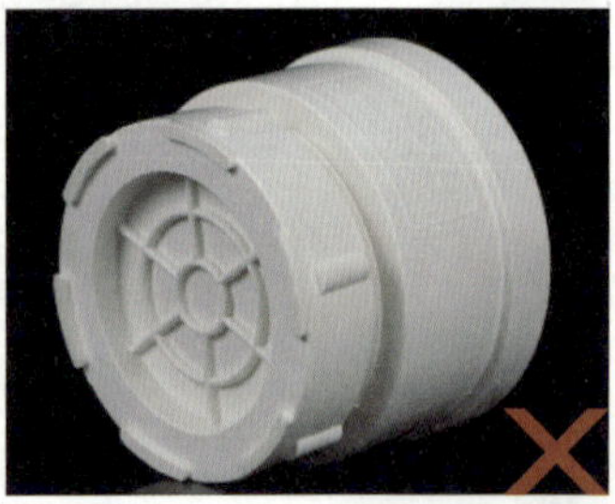

问题：防护罩采用堵头进行连接，不具有通气效果，排水盲管内易形成水塞，影响排水效果。

4.12　过渡层铺设

4.12.1　材料要求

1. 为防止生物滞留池过滤层（种植土层）回填介质渗漏进入排水层及排水盲管，应设置过渡层。根据现场高程条件，过渡层可分为砂石过渡层、透水土工布过渡层两类。

2. 当生物滞留池竖向深度充足时，应采用中粗砂作为过渡层。

（1）细度模数 2.3~3.7，粒径在 0.6~2.36 mm 的占 50% 以上。

（2）为保证过渡层材料的洁净，铺设前应清洗，清洗废水沉淀后排入污水管道，严禁将沉淀后的泥浆冲入排水管道。

3. 当生物滞留池竖向深度不够时，如室外排水管网起端、地库覆土深度较浅时，可以采用长丝透水土工布作为过渡层材料：

（1）规格要求：单位面积质量为 200~300 g/m^2。

（2）渗透系数要求：渗透系数应介于 4×10^{-3}~5×10^{-1} m/s，长期使用后渗透系数衰减不小于 1×10^{-4} m/s。

4.12.2　铺设要求

1. 中粗砂铺设：

（1）过渡层厚度不小于 100 mm。

（2）平铺且适当压实，压实过程应防止损坏排水盲管。

2. 长丝透水土工布铺设：

（1）长丝透水土工布边缘应设置在坡顶锚固沟内。

（2）长丝透水土工布拼接时，搭接宽度应不少于 200 mm，采用胶接或热风焊接进行连接。

（3）铺设应尽量平整，避免出现皱褶、波纹。

4.12.3 施工方式及过程

砂石过渡层铺设主要分为以下 3 步：

（1）第一步：根据所需的体积，回填适量的中粗砂，人工进行平整，平整后厚度应略大于设计要求。

（2）第二步：采用人工或者小型压实器械适当压实，注意防止压实作业对排水盲管的破坏。

（3）第三步：压实后再次核实过渡层厚度是否满足设计要求，如不满足要求，应添加或取出中粗砂，直至过滤层厚度满足设计要求。

step1 回填并平整

step2 适度压实

step3 核实厚度

4.13 过滤层铺设

4.13.1 过滤层功能

1. 过滤层又名种植土层，是生物滞留池的核心组成部分，是实现生物滞留池功能的关键结构层。

2. 过滤层至少应承担以下功能：

（1）实现对雨水的暂时滞蓄而后缓慢渗排。

（2）过滤、吸附雨水径流中的颗粒及悬浮污染物。

（3）提供植物生长所需的养分、水分。

3. 过滤层介质厚度应满足雨水净化的要求，并符合植物种植要求，厚度不宜小于200 mm。

4.13.2 过滤层介质的基本要求

1. 原状土为黏性土壤的，由于渗透系数极低，无法满足生物滞留池渗透速率的要求，因此在生物滞留池建设时过滤层均需进行换填。

2. 过滤层介质应满足以下条件：

（1）饱和渗透速率不小于 30 mm/h，不大于 150 mm/h。

（2）满足植物的正常生长需求，有机质含量符合《绿化种植土壤》（CJ/T340）主控指标的技术要求。

（3）不得含有有害物质以及杂草种籽、病原体。

（4）不得采用黏性土壤掺和砂直接回填，以防止出现填料分层、堵塞、板结等现象；

3. 过滤层介质性能应符合各地海绵办相关要求，尽量以本地土壤改良为主。

4. 过滤层介质应在具备防尘、干燥、搅拌条件的厂房、料场内进行拌合，具体拌合过程详见 4.13.4 节，不得在施工现场拌合。

4.13.3 过滤层介质借鉴

1. 推荐介质 I

（1）参考资料

摘自美国圣地亚哥市 *County of San Diego 2012 Standard Urban Stormwater Mitigation Plan (SUSMP)* 及 *County Of San Diego Low Impact Development Handbookappendix.*

（2）基本要求

① 在设施使用寿命期内，应该有足够的渗透系数，以 127 mm/h 的最小速率渗流；

② 介质应不含植物根系、尺寸大于 25.4 mm 的土块、石块、粗砂粒、有害杂草、木棍、木块和其他垃圾，应避免受到不良病原体如昆虫卵和植物病原体的侵染；

③ 过滤层换填介质应呈松软状态，并具有足够的孔隙结构，以便给土壤充分透气；

④ 应提供足够的水分和养分，并能长期保持植物良好的长势；

⑤ 应具有对雨水径流中悬浮污染物的截留能力。

（3）介质材料要求

介质组成	砂	沙壤土			腐殖土
		砂	淤泥	黏土	
体积	65%	20%			15%
重量	75%~80%		≤10%	≤3%	≤9%[1]

[1] 按重量计 9% 的腐殖土产生约 5% 重量的有机质。

① 砂

以中、细砂为主，过筛率（泰勒筛网）如下：

筛网尺寸	通过率（%）	
	最小	最大
9.525 mm	100	100
4 目	90	100
8 目	70	100
16 目	40	95
30 目	15	70
40 目	5	55
100 目	0	15
200 目	0	5

砂应彻底清洗，并且不得有塑料、黏土、灰尘等杂物以及任何其他有害物质。

② 沙壤土

沙壤土应符合以下重量标准：

A. 50%~74% 的沙子

B. 0%~48% 的淤泥

C. 2%~15% 的黏土

③ 腐殖土

a. 腐殖土应该是稳定的、分解良好的、无杂草的生物固体，是稳定的有机物质来源，可以是庭院垃圾，木屑或其他有机物质，但不包括粪肥或城市污水厂污泥；

b. 成熟度 / 稳定性：腐殖土应呈现深褐色，气味呈现酸性或腐败气味，含有可辨别状态草或叶子的堆肥。

2. 推荐介质 II

（1）参考资料

摘自美国加州湾区雨水管理协会 *[Bay Area Stormwater Management Agencies Association] Specification of Soils for Biotreatment or Bioretention Facilities.*

（2）基本要求

① 长期渗透速率应大于 127 mm/h；

② 满足植物的蓬勃生长；

③ 为了保持水分，防止侵蚀，同时减少杂草生长，保持土壤湿润，补充土壤养分，建议使用 7.6 cm（约 3 英寸）覆盖物。

（3）材料要求

由砂和腐殖土混合物组成，按体积计算：60%~70% 砂以及 30%~40% 腐殖土。

① 砂

以中、细砂为主，过筛率（泰勒筛网）如下：

筛网尺寸	通过率（%）	
	最小	最大
9.525 mm	100	100
4 目	90	100
8 目	70	100
16 目	40	95
30 目	15	70
40 目或 50 目	5	55
100 目	0	15
200 目	0	5

砂应彻底清洗，并且不得有塑料、黏土、灰尘等杂物以及任何其他有害物质。

② 腐殖土

A. 腐殖土组成要求

a. 原料可包括以下一项或多项：园林绿化 / 庭院装垃圾、草屑、农作物秸秆；

b. 成熟度 / 稳定性：腐殖土应呈现深褐色，气味呈现酸性或腐败气味，含有可辨别状态草或叶子的堆肥；

c. 不得含有杂草种子及病原体。

B. 腐殖土指标要求

a. 有机物含量：按干重计 35%~75%；

b. 碳和氮比率：C∶N <25∶1 和 C∶N> 15∶1；

c. 成熟度 / 稳定性：氧气测试 <1.3 O_2/h；

d. 毒性：无毒性；

e. 营养素含量：包括 N，P，K，Ca，Na，Mg，S 和 B；

f. 可溶性盐：<6.0 mmhos / cm；

g. pH 值应介于 6.2 和 8.2 之间，因植物种类而异。

3. 推荐介质 III

（1）参考资料

摘自美国华盛顿州、西雅图州 *Bioretention & Rain Garden Soil Mixes.*

（2）基本要求

符合 25.4 mm/h~304.8 mm/h 渗透速率。

（3）材料要求

由骨料（砂）和腐殖土混合物组成，按体积计算：60%~65% 砂以及 35%~40% 腐殖土；

① 骨料（砂）

砂以中、细砂为主，过筛率（泰勒筛网）如下：

筛网尺寸	通过率（%）
25.4 mm	—
9.525 mm	100
4 目	95~100
10 目	75~90
40 目	25~40
100 目	4~10
200 目	2~5

砂应彻底清洗，并且不得有塑料、黏土、灰尘等杂物以及任何其他有害物质。

② 腐殖土

a. 98% 的景观垃圾（I 型）[1]；

b. 2% 的餐厨垃圾（III 型）[1]；

c. 有机含量：45%~65% 干基；

d. 原料应来自当地回收收集计划；

e. 堆肥应符合以下粒径级配：

筛网尺寸	通过率 (%)
25.4 mm	99~100
15.8 mm	90~100
6.35 mm	40~90

③ 腐殖土指标要求

a. pH 值应在 5.5 和 8.0 之间；

b . 制造的惰性材料应小于干重的 1.0%；

c. 可溶性盐含量低于 6.0 mmhos / cm；

d. 碳氮比应小于 25 : 1。

（[1] 本地化建议由粉碎的园林绿化垃圾替代。）

4. 推荐介质 IV

（1）参考文献

摘自澳大利亚 Cooperative Research Centres Progra mme(CRC) 所著的 *Adoption Guidelines for stormwater Bioftration Systems.*

（2）材料要求

<table>
<tr><th>属性</th><th>规格要求</th><th>相应作用</th></tr>
<tr><td>材料
（每 100 L）</td><td>a.98 L 水洗过、分级良好的工程砂料或自然产生的沙混合物；
b.500 g 便于分解的有机材料（例如甘蔗根系）
c.1.5 kg 碎木屑（无皮松木片，6-10 mm 硬木片）</td><td>培养基必须是砂基（而不是壤土），以确保充足的导水率，低营养含量和结构稳定性；应该避免高营养源如豌豆秸秆（固氮植物），因为这些都可能含有溶解的氮和磷。此外，稻草不应被用作碳源，因为一些稻草发酵会产生气味；碎木屑必须未经化学处理。</td></tr>
<tr><td>渗透速率</td><td>100- 300 mm/h（在热带地区较高，但必须能够支持植物生长）。</td><td>提供足够的能力来处理更高比例的雨水。</td></tr>
<tr><td>黏土和淤泥</td><td><3%（重量）</td><td>高于此值，渗透速率大大降低，较多细小颗粒会导致分层和结构的不稳定性。</td></tr>
<tr><td>沙粒分级</td><td>平滑的分级 - 所有粒径应该能通过 0.05~3.4 mm 的筛孔</td><td>提供稳定的介质，避免微粒向下迁移造成的结构坍塌。</td></tr>
<tr><td>有机质含量</td><td>≤ 5%
营养含量低
总氮（TN）<1000 mg / kg 有效磷酸盐（Colwell）<80 mg / kg</td><td>虽然有些有机物质有助于为植被提供营养并可以提高污染物去除率，但较高的有机质含量会导致营养浸出。</td></tr>
<tr><td>pH 值</td><td>5.5~7.5</td><td rowspan="3">过滤介质必须能够支持健康的植物生长，没有它生物滞留池难以很好地运行。</td></tr>
<tr><td>电导率</td><td><1.2 dS / m</td></tr>
<tr><td>园艺适宜性</td><td>园艺师的评估 - 过滤介质必须能够支持健康的植被。雨水径流携带的污染物可以逐步增加换填介质的营养。</td></tr>
<tr><td>粒度分布（PSD）</td><td>良好的粒径分级对于植物生长至关重要
<table>
<tr><th>介质</th><th>重量比</th><th>粒径（mm）</th></tr>
<tr><td>黏粒</td><td>＜ 3%</td><td>0.05</td></tr>
<tr><td>极细砂</td><td>5%~30%</td><td>0.05~0.15</td></tr>
<tr><td>细砂</td><td>10%~30%</td><td>0.15~0.25</td></tr>
<tr><td>中砂</td><td>40%~60%</td><td>0.25~0.5</td></tr>
<tr><td>粗砂</td><td>＜ 25%</td><td>0.5~1.0</td></tr>
<tr><td>大粗砂</td><td>0%~10%</td><td>1.0~2.0</td></tr>
<tr><td>细砾</td><td>＜ 3%</td><td>2.0~3.4</td></tr>
</table></td><td>过滤层介质没有必要完全符合此粒径分布，但必须能够提供为植物生长所需的保水环境。</td></tr>
</table>

4.13.4 过滤层介质掺拌示例

1. 掺拌时应保证整个介质材料的干燥，防止材料粘粘导致掺拌不均匀。

2. 材料的准备工作，介质组分详见 4.13.3：

（1）砂料应筛分后符合粒径要求，掺拌前应洗净后充分干燥，清洗废水经沉淀后应排入污水管网。

（2）腐殖土可购买成品材料，但必须防止原料含有动物粪便等容易产生二次污染的材料。

（3）沙壤土应符合重量比例要求，沙壤土不得含有杂草种子，并充分干燥。

3. 按体积比依次向搅拌机内加入砂、腐殖土、沙壤土，掺拌均匀，且掺拌时间不得小于 30 min。

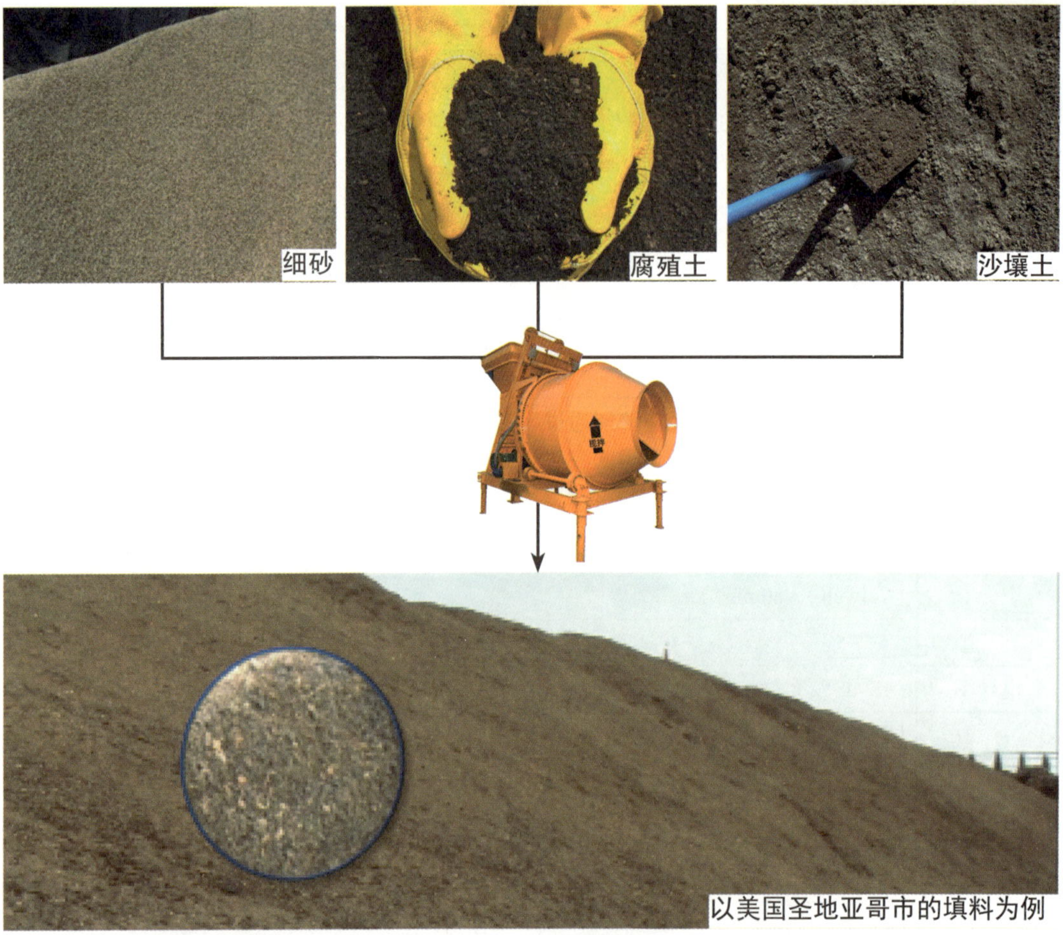

4. 施工单位应按照设计要求在多次水密压实的基础上进行现场渗透性试验，应确保过滤层介质渗透系数满足各城市的要求，详见 4.13.2 节：

（1）通过人工压实以及水密法分别进行压实，应灌满水 2~3 遍，每次均应测量滞留层厚度。

（2）压实的过程可同步测算生物滞留池的渗透速率，可按滞留层厚度 / 表面无积水时间（最后一遍的）来确定填料的渗透系数。

$$k=h/t$$

式中：k—— 渗透系数，mm/h；h—— 滞留层厚度，mm；t—— 表面无积水时间，h。

（3）测算出渗透速率过高或过低时，首先应检查设施整体是否存在漏水或堵塞问题，如设施不存在漏水问题，应对过滤层介质比例进行优化调整。

（4）现场渗透试验用水可采用水泵抽取附近水质较好的河水或采用流量充足的自来水。

灌满水并记录时间

待表面无积水并记录时间，
并测量滞留层厚度

4.13.5 介质回填

1. 应按照以下步骤进行介质回填并注意以下事项：

step1 机械回填

注意事项：不应一次性回填，应分层回填压实，一次回填 20 cm 左右回填介质。

step2 人工铺设

注意事项：首层介质的铺设应该轻缓，防止对过渡层的破坏。

step3 分层压实

注意事项：每 20 cm 压实一次，可采用小型压实机或者人工压实，须防止破坏排水盲管。

step4 标高确认

注意事项：每层铺设完毕都应当进行标高核实以防止厚度不足或者超过设计厚度。

step5 铺设至完成面

注意事项：初步铺设完毕时的完成面应该略高于设计标高（以利于后期压实）。

step6 水力压实

注意事项：通过人工压实及水密法（详见 4.13.4）分别进行压实，应灌水压实 2~3 遍。

step7 核实深度

注意事项：水密压实后，待表面基本干燥后，应通过水准仪或者拉线对标高、平整度再次进行确认。

step8 介质补齐平整

注意事项：对于多余的部分应人工进行切削，标高不足的应进行补齐，最终保证介质回填平整。

4.14 边坡处理

4.14.1 处理要求

1. 生物滞留池与周边场地衔接时不宜采用生硬的边界处理形式。

2. 当生物滞留池周边具有充足的绿地空间，应采用自然放坡的方式处理生物滞留池与周边场地的竖向衔接问题；生物滞留池自然放坡不应大于 1∶3，以保证边坡稳固，并与周边场地顺利衔接。

3. 当生物滞留池周边无充足绿地空间、放坡空间不足时，可按照 4.14.2 进行边坡处理。

4.14.2 常用方式

1. 钢板护坡　采用 3 mm 以上厚度的不锈钢板或锈钢板作为护坡，应保证其作为边坡的结构稳定性，宜将其插入土壤或过滤层介质中 15 cm 以上或进行锚固、焊接处理，钢板顶端应与周边高度一致。

2. 石笼护坡　采用石笼作为护坡时，截面形式可采用长方形、梯形等多种形式。石笼顶面高度应与周边高度一致，顶面宽度宜为 15~20 cm。

3. 杉木桩护坡　采用直径为 5~10 cm 的杉木桩作为护坡，杉木桩应插入土壤或过滤层介质中 15 cm 以上，并应成排进行固定，其顶端高度应与周边高度一致。

4. 草石隔离带 适用于周边有一定绿地的生物滞留池，可作为自然放坡土壤与过滤层介质之间的隔挡。

草石隔离带

4.14.3 常见问题

问题：1. 周边绿地空间充足，采用了硬质护坡，影响景观效果；2. 未按照设计要求预留滞留层。

问题：周边绿地空间充足，采用了混凝土砌筑硬质护坡，未进行抹面或遮挡，破坏了整个场地的景观效果。

4.15 植物种植

4.15.1 选择原则

1. 植物是生物滞留池的构成要素，在保障生物滞留池长期稳定地发挥生态功能、减少土壤冲刷、净化径流污染、展现良好景观方面发挥着重要作用。

2. 根据生物滞留池结构、功能、种植条件等特性，植物的选择应遵循以下原则：

（1）具有干湿交替的耐受性，满足长期耐旱短期耐涝的特性；

（2）具有特定土壤类型和生长条件的耐受性；

（3）选择茎叶繁茂、景观效果好的植物品种；

（4）本土的或经驯化引进的植物品种；

（5）选择根系发达对污染物去除效果好的植物品种；

（6）严禁选择具有侵略性或侵略性根系的植物品种。

3. 根据过滤层厚度的不同，植物选择应按照以下情况进行区分：

过滤层厚度（mm）	适用植物
200~300	草本
300~500	草本、灌木
≥ 500	草本、灌木、亚乔木

4. 过滤层回填介质以沙基为主的，推荐使用4.15.2的植物品种；当过滤层介质有机质含量较高、持水性能较好时，可以在遵循植物选择原则的基础上，进一步丰富植物品种。

4.15.2 植物推荐

1. 草本类：

花叶芦竹

斑叶芒

花叶芒

细叶芒

旱伞草

葱兰

美人蕉

鸢尾

乱子草

苔草

画眉草

千屈菜

拂子茅

狼尾草

玉带草

马鞭草

大花金鸡菊

再力花

马蔺

蛇鞭菊

蓍草

2. 灌木类：

海桐

杜鹃

南天竹

大叶黄杨

无刺枸骨

黄金香柳

火棘

夹竹桃

洒金桃叶珊瑚

山麻杆

紫穗槐

栀子花

红叶石楠

红花檵木

柽柳

3. 亚乔木

木槿

石榴树

橘子树

柘树

巨紫荆

大叶冬青

流苏树

接骨木

枇杷树

4.15.3 植物配置原则

1. 植物配置应具有层次感。

（1）丰富植物品种，采用组团式种植方式，避免散种造成池内植物散乱。

（2）多选用植株高度较高、观赏性好的草本类及灌木类植物，避免大面积种植低矮地被植物。

（3）注重植物的搭配与层次，局部可选用灌木球、亚乔木、景石等进行点缀。

2. 保证植物配置季相变化。

（1）增加常绿植物比例，保证冬季景观效果。

（2）点缀开花植物或色叶植物。

3. 结合周边绿化景观进行植物配置，避免生物滞留池内绿化脱离整体景观要求，过于突兀。

4. 针对卵石、杉木桩等边界部分以及溢流口周边，建议种植植株茂盛的草本类及灌木类植物进行遮挡，弱化生硬边界及相关设施。

4.15.4　植物种植要求

1. 宜采用长势较好、规格较高的全株苗（容器苗）进行种植，同时应避免过度修剪。

2. 生物滞留池应适当提高植物的种植密度（建议在常规种植密度基础上提高 20%），保证不露土。

4.16 覆盖层铺设

4.16.1 基本要求

1. 覆盖层位于生物滞留池最顶层，用于防止过滤层介质直接裸露、板结以及水分流失，同时防止夏季阳光直射导致过滤层 / 种植土层表面温度过高，影响植物生长。

2. 当生物滞留池植被覆盖完整时，可不铺设覆盖层。

3. 覆盖层材料应进行清洗后铺设。

4. 覆盖层的厚度宜为 50 mm，且应覆盖均匀。

4.16.2 材料要求

1. 设置滞留层的生物滞留池，宜采用陶粒、钢渣等密度较大且具有一定的保水、污染物吸附功能的覆盖层材料。

2. 未设置滞留层的生物滞留池，建议宜采用松树皮、颗粒较大的碎木块等作为覆盖层材料。

3. 如采用密度较小的松树皮、碎木屑等作为覆盖层，材料易漂浮并产生堆积，甚至堵塞溢流系统，因此在雨后要及时进行清理、翻犁、补充。

下雨过程中产生漂浮

覆盖层补充

4. 覆盖层除采用单一材质外，也可采用多种材质点缀搭配的形式，以丰富表层的景观效果。

4.17 附属设施建设

4.17.1 导流设施

1. 基本要求

（1）在场地坡度、距离满足条件的情况下，建议采用地表汇流的形式。

（2）在场地坡度较小、距离较长的情况下，为了防止雨水漫溢和局部积水，可采用导流设施，使雨水相对有组织的进入生物滞留池。

（3）导流设施应与铺装、绿化相协调，保证整体的景观效果。

（4）导流设施应保证不小于 3‰ 的纵坡，不得产生反坡。

（5）当导流设施采用植草沟 / 卵石沟且长度超过 30 m 时，应该设置溢流设施；在植草沟 / 卵石沟宽度不够的情况下，可局部加宽。

（6）当植草沟 / 卵石沟 / 各类排水沟与生物滞留池衔接时，应至少保持沟底与生物滞留池表面平接，宜保持 2~5 cm 的高差。

2. 常用设施

（1）转输型植草沟：用于绿地内导流，坡度 3‰~4‰，深度 15~30 cm，上口宽度不小于 60 cm，边坡不大于 1∶3，断面以倒抛物线为主。

（2）卵石沟 / 旱溪：用于绿地或者绿地与硬质场地结合处的雨水导流。

（3）盖板沟：一般用于硬质场地，断面满足排水导流要求。

（4）线性排水沟：用于广场等硬质场地，应与铺装纹路相协调。

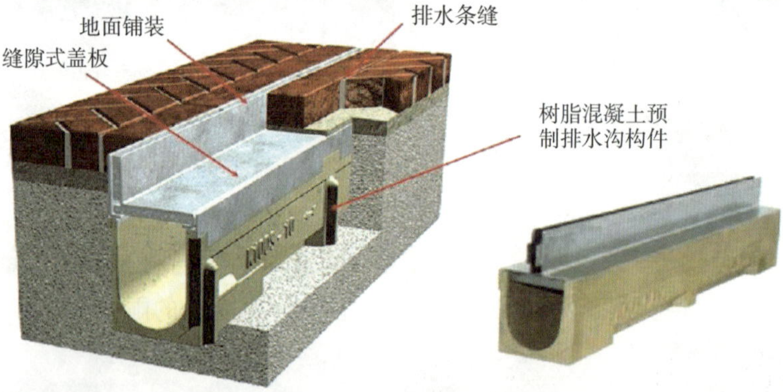

（5）导流开孔侧石：带有雨水导流、传输功能的侧石。

3. 常见问题

问题：
选用的设施深度过大，与生物滞留池无法顺利衔接。

问题：
导流设施入口低于生物滞留池完成面，基本无法实现进水。

问题：排水侧石未与植草沟在高程上顺接，导致植草沟难以发挥实际效果。

问题：1. 场地雨水不能进入植草沟；2. 植草沟被树根隔断，影响过流效果。

问题：植草沟线形过于曲折，雨水过流不畅。

问题：植草沟存在反坡现象，产生严重积水。

问题：深度、宽度不符合要求，过流能力严重不足。

问题：在建设条件充足条件下，应采用生态导流的做法，尽量避免浆砌的方式。

4.17.2 侧石开口

1. 基本要求

（1）侧石开口的位置应根据道路或场地的竖向进行核实，保证在场地竖向最低点设置开口，侧石开口尺寸应结合坡度及汇水面积设置。

（2）侧石开口的尺寸应满足设计要求，设计未明确时，应通过计算确定开口尺寸。

（3）开口的侧石应保证结构稳固且与周边侧石尺寸、样式协调，同时应注重与整体景观的协调性。

（4）对于道路、停车场等雨水污染物含量高的区域，宜在侧石开口前端设置过滤或沉淀设施，例如格栅、集水坑等。

（5）对于开口较宽区域，可采用钢板、格栅等材料作为开槽部分的盖板，应保证盖板的结构安全与排水顺畅。

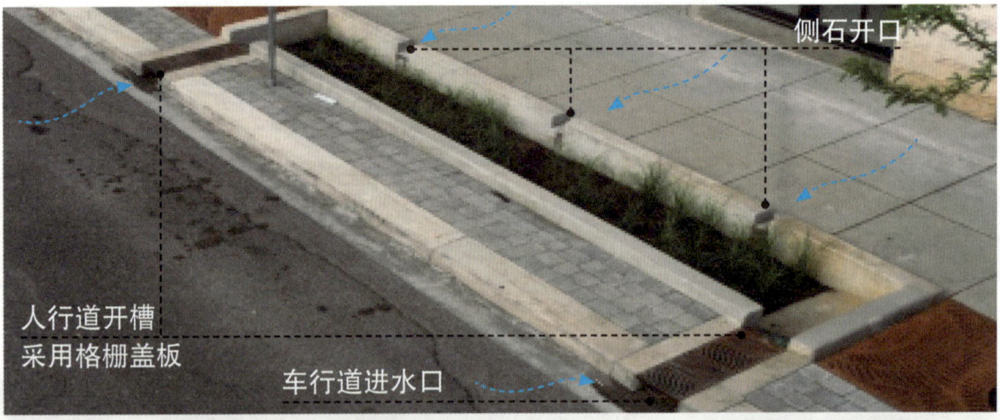

2. 常见形式

3. 常见问题

问题：侧石开口未设置在场地标高最低点处，导致场地内低洼处产生积水。

问题：侧石开口过小导致道路雨水无法完全进入生物滞留池。

问题：开孔侧石基础不够稳固，出现倒塌。

4.17.3 进水口缓冲设施

1. 基本要求

（1）在进水口（生物滞留池与植草沟、卵石沟等各类导流设施以及雨落水管、侧石开口等衔接处）设置缓冲设施，防止雨水径流的冲刷，并保证整体景观效果。

（2）采用粒径 2~3 cm 的卵石或碎石进行铺垫，厚度应不小于 5 cm，宽度应不小于导流设施或侧石开口的宽度。

4.17.4 溢流口周边缓冲设施

1. 基本要求

采用粒径 2~3 cm 的卵石或碎石进行铺垫，卵石铺垫的宽度、厚度至少应遮盖溢流井边壁，可根据景观需要向四周延伸。

4.18 其他事项

4.18.1 禁止两套排水系统

1. 生物滞留池汇水范围内禁止使用两套排水系统。新建项目生物滞留池汇水范围内不应设常规雨水篦子，改造项目生物滞留池收集范围内雨水口均应进行封堵。

2. 已建雨水口应采用稳定、密封性好的封堵措施，并保留在极端暴雨情况下开启的可能。

3 常见问题

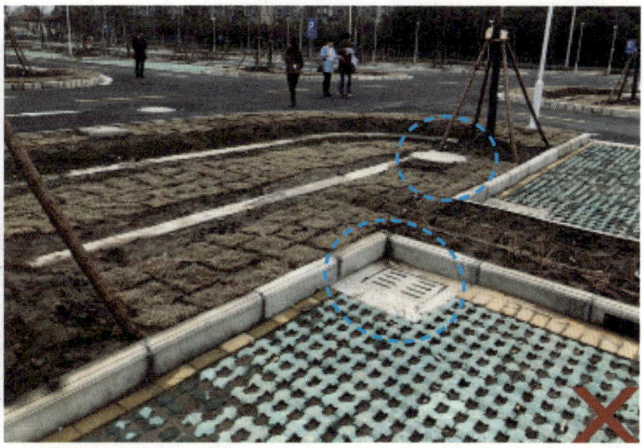

问题：汇水范围内存在两套排水系统，生物滞留池无法有效收集雨水径流。

问题：临时性简易封堵措施，极易被破坏，最终影响汇水效果。

问题：相邻区域同时建设植草沟与线性排水沟，导致植草沟难以充分发挥作用。

4.18.2　管线穿越

1. 生物滞留池内不得有燃气、电力等存在安全隐患的管线穿越。

2. 在现场施工时，如遇到管线密集处，应根据管线位置、竖向条件进行调整避让，并进行变更。

3. 穿越生物滞留池的管线覆土应满足相应规范要求，不满足覆土要求的应该进行加固处理。

4. 生物滞留池表面不得有管线裸露。

5. 常见问题：

问题：生物滞留池内有多种管线穿越，影响生物滞留池渗透、滞蓄效果，管线穿越未加设加固措施，易破损导致安全隐患。

问题：1. 生物滞留池有电力管线穿越；2. 穿越管线覆土不满足相应要求。

问题：管线直接裸露于生物滞留池表面。

4.18.3 施工期间的保护

1. 注重施工期间对已完成生物滞留池的保护，尤其是雨季：

（1）对于汇流入口应采用围挡防止雨水夹带大量泥沙进入生物滞留池。

（2）对于回填介质、砌筑混凝土等材料应采用防水布进行遮盖。

（3）直壁砌筑挡墙型生物滞留池应做好支护，防止土方侧压、雨水冲刷导致坍塌。

2. 常见问题

问题：生物滞留池未做防护措施，导致雨水夹杂油漆进入生物滞留池内。

问题：直壁砌筑挡墙型生物滞留池，雨季未做支护，导致暴雨冲塌。

4.18.4　回填后的开挖

当生物滞留池回填完成后，若需开挖应采用整体分层开挖回填的方式或者采用局部围挡等防止破坏层级的保护措施，禁止在无保护措施的情况下将局部开挖至过滤层以下，以防止生物滞留池层级损坏。

2. 常见问题

不锈钢局部开挖围挡

问题：生物滞留池由于结构存在问题，在采取保护措施的情况下局部开挖，造成了生物滞留池结构层混合，影响其运行效果。

5 使用说明

5.0.1 基本说明

1. 由于目前缺乏针对生物滞留设施的设计规范，因此本指南为保证内容的清晰、完整，除对施工要点进行编制外，对重要的设计原则、要点也在实践的基础上进行了阐述。

2. 本指南在使用时应充分结合各地海绵办核查后的海绵城市建设施工图以及对应的核查意见；

3. 常见问题所展示的图片仅反映所在章节论述的内容，图片中可能存在的其他问题并未在图片下方的问题说明中一一描述。

5.0.2 参数调整

根据现有生物滞留池建设经验以及实际运行效果，本指南对相关规范、图集中的一些规定进行了探索性的调整。

1. 基坑素土夯实

《城市道路与开发空间低影响开发雨水设施》（15MR105）中规定雨水花园（生物滞留设施）底部素土压实系数要求达到＞ 0.95。

在实践过程中，分散、小型的生物滞留池由于基坑底部空间小，难以通过现有设备夯实到规定的压实系数。因此，本指南根据相关城市建设工程质量监督站提供的数据资料将基坑压实度系数调整至＞ 0.87。

2. 盲管

盲管作为生物滞留池中重要的排水、防渗漏设施，现有规范中鲜有明确的要求，因此根据实践经验结合现有规范对盲管的下述要素进行了修正和明确。

（1）管径：《城市道路与开发空间低影响开发雨水设施》（15MR105）中要求穿孔收集管管径大于 DN150 mm。根据计算推导及工程实践，管内径 100 mm 的盲管足以满足生物滞留池过滤水量的排放要求，因此，结合《城镇雨水调蓄工程技术规范》（GB 51174）本指南将盲管管径调整至 de110~de160 mm。

（2）开孔率：《城市道路与开发空间低影响开发雨水设施》（15MR105）中要求穿孔收集管开孔率应控制在 1%~3%。澳大利亚 Hatt B E，Morison P，Fletcher T D，et al. *Adoption Guidelines for Stormwater Biofiltration Systems* [M]. 2009. 建议开孔孔径为 2 mm。在实际操作中，穿孔率与开孔孔径、开孔间距相关，如 2 mm 开孔孔径如需满足 1% 的开孔率，纵向间距仅为 1~2 cm，难以进行开孔操作，且开孔后的管道环刚度难以满足要求。因此本指南将盲管开孔率降低至 0.5%~1%，开孔孔径为 4~6 mm。

（3）盲管坡度：在《室外排水设计标准》（GB 50014）以及《城镇雨水调蓄工程技术规范》（GB 51174）中均对排水盲管坡度未作要求，但考虑到排水顺畅，将排水盲管坡度设置为不宜小于5‰。

3. 出流管

出流管是溢流井与下游室外雨水检查井相连接的管道，根据《室外排水设计标准》（GB 50014），如果作为雨水口连接管，管径为200 mm，则对应的最小设计坡度为1%，如果作为室外排水管，最小管径则为300 mm。而在实际施工过程中，由于地库顶板覆土等限制性因素；出流管如作为雨水口连接管，坡度难以满足0.01的要求，如作为室外雨水管，管径则需增加至300 mm，会进一步增加埋深，易与其他管线“打架”。因此，考虑到生物滞留池出水相对洁净、杂质较少、不易堵塞。本指南降低200 mm的管径出流管的坡度要求，但不得小于5‰，其过流能力应进行验算，满足设计暴雨重现期排放。

4. 防渗层

《城市道路与开发空间低影响开发雨水设施》（15MR105）以及《城镇雨水调蓄工程技术规范》（GB 51174）均要求生物滞留池底板应比当地季节性最高地下水位高1m，如不能满足时，应在底部设置防渗材料。考虑到江苏尤其是苏南地区地下水位较高，如按照1m进行控制，几乎所有生物滞留池均需设置防渗层，因此，本指南调整为生物滞留池底部与季节性最高地下水位小于等于0.5 m时，应设施防渗层。

5.0.3　后期优化

由于省内生物滞留池多处于建设中或刚建成投运的阶段，后期生物滞留池植物生长、过滤性能、滞留效果都会随运行时间而改变，因此，本指南会进一步通过收集试验、建设、运维的数据、资料对指南加以完善。

6 相关术语

以下术语仅适用于本篇章。

6.0.1 直壁砌筑挡墙型生物滞留池

指为防止生物滞留池外侧土方倾塌，池壁用砖或者钢筋混凝土等方式砌筑的生物滞留池。

6.0.2 自然缓坡型生物滞留池

指利用放坡形式防止周边土方倾塌的生物滞留池。

6.0.3 汇水分区

按照场地实际条件，生物滞留池所对应的汇集降雨的区域。

6.0.4 完成面

生物滞留池建设完毕后，过滤层顶面或者覆盖层顶面所对应的面层。

6.0.5 初始溢流面

生物滞留池开始产生溢流时的水面。

6.0.6 超高层

滞留层以上，为缓解超标降雨或者溢流井堵塞而造成滞留层雨水得不到及时排放，对过量雨水进行缓冲，防止其向场地漫溢的结构层。

6.0.7 滞留层

生物滞留池完成面以上用于收集径流雨水，并在径流量大时暂时存储雨水的结构层。

6.0.8 覆盖层

种植土层以上用于防止雨水径流对种植图层冲刷，保持植物根部潮湿，并吸附部分污染物的结构层。

6.0.9 过滤层

过滤层又称种植土层，是为植物生长提供必要的营养物质，起到雨水过滤的结构层。

6.0.10 过渡层

为防止过滤介质流失，在过滤层以下设置的砂层或者透水土工布隔离层。

6.0.11 盲管

敷设于生物滞留池排水层中的穿孔排水管。

6.0.12 排水层

生物滞留池结构层底部，用于布设盲管的砾石结构层，起到排水、调蓄作用。

6.0.13　防渗层

生物滞留池位于排水层以下土基以上，用于防止地下水倒灌以及雨水渗透对建筑结构影响的结构层。

6.0.14　回填介质

将生物滞留池过滤层、过渡层、排水层由粉沙粒、中粗砂、砾石等分层回填材料，统一称为回填介质。

6.0.15　边坡

用于衔接生物滞留池完成面与周边场地的连接方式。

6.0.16　溢流井

设置在生物滞留池内的检查井，用于在径流量大时，超高初始溢流面的雨水通过检查井上的溢流井盖进行排放。

6.0.17　检查口

设置于盲管远离溢流井的起端，用于生物滞留池检查、检修以及排水通气的管道。

6.0.18　出流管

溢流井及下游室外雨水检查井相连接的管道，用于过滤雨水以及溢流雨水的排放。

7 生物滞留池实景照片

居住用地

公园绿地

绿地充足的道路

绿地狭窄的道路

公共建筑及广场

停车场

第二篇

下凹式绿地
常用植草沟
卵石沟
渗井

1　本篇总则

1.1　编制目的

为全面贯彻落实国家关于海绵城市建设的相关要求，加快江苏省海绵城市建设，规范与提高海绵城市建设的施工技术与管理水平，确保工程质量，做到安全适用、技术先进、经济合理，特编制本篇内容。

1.2　适用范围

本篇内容根据江苏省内气象、水文、地质等特征，结合海绵城市建设相关经验及研究成果编制而成。适用于江苏省内新建、改建、扩建的建筑与小区、绿地、道路与广场、水务工程等项目中下凹式绿地、植草沟、卵石沟、侧石开口、雨落管断接等海绵城市常用设施的施工建设过程，供施工参考。

1.3　基本原则

1. 海绵城市的施工过程中，应统筹室外总平面、园林景观、建筑、给水排水等方面使之相互配合施工。

2. 海绵城市的施工过程应进行全过程、全方面的管控，保证海绵城市建设工程施工的高质量、高标准，同时，应制定相应的维护措施，保证建成后能够高效工作，降低维护成本。

3. 江苏省各地海绵城市建设施工过程中，除符合本指南外，还应符合国家现行的相关法律法规、规范及标准的规定。

2 下凹式绿地

2.1 简介

2.1.1 定义

海绵城市建设常用设施下凹式绿地通常是指狭义下凹式绿地，根据《江苏省海绵城市建设导则》，是指低于周边地面或道路 250 mm 以内的绿地。

2.1.2 功能

下凹式绿地可用于渗透、滞蓄和净化雨水径流。用于源头减排时，主要功能为径流污染控制，兼有削减峰值流量的作用；用于排涝除险时，主要功能为削减峰值流量。

下凹式绿地在径流控制中的作用示意

2.2　施工工序

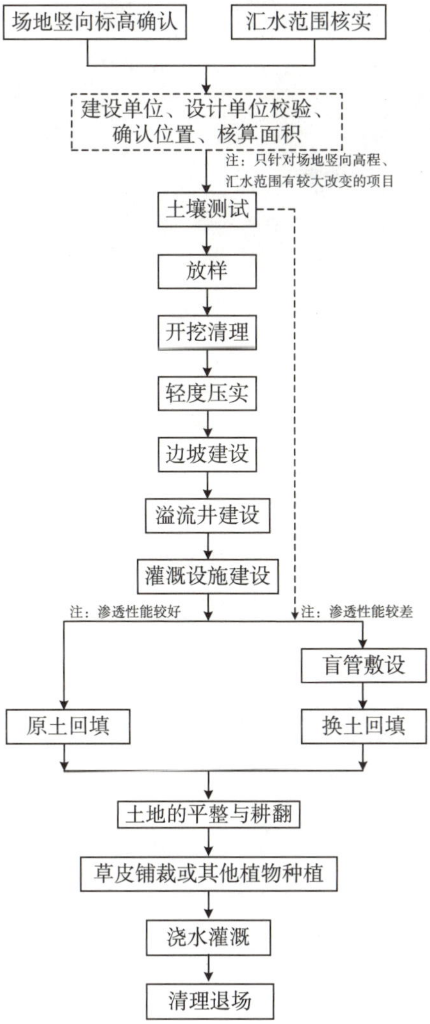

下凹式绿地施工工序图

2.3 准备工作

2.3.1 确认竖向位置

1. 按照设计图纸测量观察下凹式绿地的位置是否正确，是否能确保汇水分区的雨水自流进入下凹式绿地。

（1）拟建的下凹式绿地是否位于汇水片区内的最低处；

（2）通常汇水分区内屋面、道路及铺装产生的径流最大，下凹式绿地是否就近设置，是否存在汇水距离过长、高差不满足坡度的情况；

（3）屋面、铺装、道路径流是否能够顺利进入拟建的下凹式绿地，建筑雨落水管是否断接处理，道路铺装是否不设侧石或进行侧石开口。

雨落水管断接

路缘石（侧石）开口

不设侧石

2. 确认其他基础设施是否对下凹式绿地建设产生影响。

（1）尽量避免建设在燃气、电力等存在安全风险的管道上；

（2）不得位于有油污、重金属污染物、垃圾渗滤液、医疗废弃物等可能产生危害地下水的场地周边；

3. 观察绿化造坡、绿化乔灌木种植位置是否有足够的场地按图建设下凹式绿地。

如果上述问题与设计不符，应当及时反馈给建设单位、设计单位，进行相应调整。

2.3.2 确认土壤渗透性能

确保下沉式绿地土壤类型有足够的渗透系数能够支撑雨水下渗，可以通过土壤条带试验以及简易渗透试验确定土壤的类型和渗透速率，为下凹式绿地建设提供直观的判断。

1. 简易的渗透测试

在拟建下凹式绿地附近范围内，选取某个点进行简易的渗透测试试验，可基本判断该点的渗透性能，这将有助于对下凹式绿地的选型，包括是否需要换土、是否需要设置排水盲管等。

理想情况下，土壤渗透性能良好时，30 cm 深的孔洞灌满水后，会在 24 h 内完全渗透。

渗透速率大于等于 15 mm/h，表明土壤适合渗透作业。

渗透测试步骤：

（1）挖一个 30 cm 深的洞；

（2）为了测试饱和渗透系数，在洞内灌满水，让它完全排空；（注意：如果 24 h 后洞里还有水，就选择一个新的位置）。

（3）再将洞内注满水，并将尺子放入洞中。注意水位和时间，30 min 后，再次检查水位并注意新的水位；

（4）渗透速率（mm/h）等于洞内的水位变化量乘以 2。

简易渗透试验

2. 土壤条带试验

黏土可以被捏成任意形状，而砂土会散开，壤土次之，称为土壤的可塑性，通过土壤条带试验可以初步判断土壤类型。

条带测试步骤：

（1）抓一把湿润的土壤，在手里做成球状；

（2）把土球放在拇指和食指之间，用拇指轻轻向前推土，向上挤压，形成约 6 mm 左右厚度的薄带状；

（3）尽量使挤出土壤厚度、宽度保持一致；

（4）重复动作，直到带状土壤在自身的重量下断裂。用尺子或卷尺测量断裂的带状，根据右表明确土壤类型。

土壤条带试验

土壤类型	条带长度（cm）
砂土	无条带产生
壤土	≤ 4
黏土	＞ 4

3. 换填土壤要求

当土壤为粘性土或土壤整体渗透系数低于 15 mm/h 时，则该处的土壤渗透性能不能满足下凹式绿地的要求，应对该处土壤进行换填并加设相应的排水设施，具体详见 2.7.1 及 2.8.1。

2.3.3　场地其他情况确认

下凹式绿地建设范围内，不应存在树根、杂草、石块及建筑垃圾等，否则，应进行清除。

下凹式绿地的拟建区域，坡度不宜过大，建议不大于 5%，否则，应在下游设置合适的挡水设施，以保证下凹式绿地的雨水调蓄功能。

2.3.4　材料及工具

下凹式绿地施工前的工作准备，包括有序组织劳动力，安排材料、机械设备及时进场等，所需的材料、设备、机械如下表所示。

下凹式绿地建设设备材料一览表

阶段	工具
场地竖向标高确认	水准仪或 RTK、三脚架、竖向标尺
土壤测试	铁锹、50 cm 直尺、相对干净的水
放样	软绳或石灰粉、石灰放线器
开挖清理	小型挖掘机、铲子、耙子
轻度压实	压实滚轮机或其他压实器械

续表

阶段	工具
边坡建设	块石 / 草石隔离带 / 不锈钢板 / 锈钢板
溢流井建设	砌砖设备、预留套管或成品井筒
灌溉设施	给水管 / 浇灌取水头 / 自动化喷头及电气设备
盲管敷设	排水管及接头、瓜子片
回填	种植土、压实滚轮机
土地平整与翻耕	铲子、钉耙
植物种植	草皮、草籽或其他植物、裁剪设备
浇洒	自来水或回用水、软管
场地清理	手套、手推车

2.4 放样

1. 放样前应对现场的坐标点和水准点进行核准，发现误差过大时应共同商议处理方法，经确认后方可正式定位。

2. 确认无误后按照设计图定点放线，在地面准确划出位置、轮廓线。

（1）种植面积较大时，可用网格线法，按照比例放大到地面。

方格大小根据地形的复杂程度和施工方法而定，一般为 10 m × 10 m、20 m × 20 m、30 m × 30 m、40 m × 40 m。地形起伏较大时宜用小方格，若用机械施工时，可用大些的方格。为便于测量高程和进行施工，需在各方格点上做控制桩，并测出各标桩的自然地形、标高，作为计算挖、填土方量和施工控制的依据。

①采用网格放样时，现场应建立控制坐标网和水准点。水准点由永久水准点引入，应采取保护措施，确保放线准确。

②在放设控制网时，对等高线、网格交叉等关键点位立桩，标明设计标高。

网格化放样明确关键点位并立桩

重要控制点可加设保护确保准确性

施工控制网的测量，应制订施工控制网的测放方案，测量应遵循先整体后局部的工作程序。用经纬仪、水准仪、钢尺进行网点的测设。采用经纬仪测设施工控制网点时，测量不少于一个测回（往返测为一个测回）。

统一的施工控制网点、水准点及建（构）筑物的主轴线等控制点标志的设置，应牢固、稳定，不下沉、不移位，并用混凝土包护，重点的区域可加设护栏围护。

（2）图案简单的规则式绿地，根据设计图纸直接用皮尺量好实际距离，并用石灰线做出明显标记即可。

① 图案整齐线条规则的小块模纹下凹绿地，可用较粗的铁丝者或铅丝按设计图案的样式编好图案轮廓模型，图案较大时可分为几节组装，检查无误后，在场地上压出清楚的线条痕迹轮廓。

② 连续和重复布置的图案化绿地，可用较厚的纸板或围帐布、大帆布等（不用时可卷起来便于携带运输），按设计图剪好图案模型，线条处留 5 cm 左右宽度，便于撒石灰线，放完一段再放一段这样可以连续的撒放出来。

规则化的及重复的绿化放样

（3）对于曲线等不规则的形状，放样应采用软绳先拉出其轮廓范围线，再用石灰沿软绳绘制放样线，为避免雨水冲刷，放线时最好钉好木桩或划出痕迹，撒灰踏实。

软绳确定轮廓线、控制点钉好木桩

不规则图形放样的效果俯视

2.5 开挖清理

原状土壤为强酸性土、强碱土、盐土、盐碱土、重黏土等，或者含有建筑弃土、其他有害成分的，均应满足设计的土壤要求，采用客土或采取改良土壤的技术措施。

1. 下凹式绿地的建设在满足设计意图的前提下，尽量减少土方的施工量，减少一些不必要的土方浪费，做到节约投资和缩短工期，这就要对土方的“挖、填、运”进行必要的计算，做到心中有数、统筹安排，以提高工作效率和经济效益。

2. 可以采用人工或者小型挖掘机进行土方开挖，人力开挖应组织好劳动力、注意安全并保证工程质量，施工者要有足够的工作面，工人不得在土壁下向里挖土，以防坍塌。

3. 开挖时应注重开挖深度，开挖过程中应不断对深度进行核实防止超挖，以周边道路、铺装或绿化完成面为正负零，深度详见以下要求：

小型下凹式绿地人工开挖

（1）原状土（不换填）的开挖深度 = 设计下凹深度 + 草皮的有效厚度

（2）种植土（换填）的开挖深度 = 设计下凹深度 + 草皮厚度 + 排水层厚度 + 换填土厚度

利用原状土的开挖深度较浅

换填土的开挖深度较深

4. 开挖前要探明地下管线，特别是高、低压电缆位置，作出标记。对地下情况不明确的要先挖探坑探明。

土壤开挖后暂存

5. 利用原状土壤的先用推土机将施工地段的表层熟土(耕作层)推到施工场地外围，待地形整理停当，再把表土铺回来，充分利用原状土壤，堆放时应当避免雨季冲刷回流。

6. 利用原状土的开挖完后应再次对土壤质地进行确认，不得含建筑和生活垃圾；在种植层内不能有杂草，土质要疏松，有一定的土深。草地大于 30 cm，灌木大于 50 cm，乔木则要求在种植穴周有半径大于 50 cm 的土壤。如果深层土壤不合要求，就要进行换土。

7. 整理后表土应平整，排水顺畅。整理时多年生花卉应深挖 30 cm 以上，土壤被深

再次确认开挖后土壤类型

开挖后清理

翻 25 cm 以上，深翻时应将大于 1 cm 的石砾、砖瓦等杂物清除干净，深翻后应撒基肥，然后将肥料均匀拌入土中再用土耙细整平，耕细后土块直径应小于 1 cm。

2.6　整平和压实

场地平整就是将天然地面改造成工程上所要求的设计平面。平整施工场地有两个目的，一是通过场地的平整，使场地的自然标高达到设计要求的高度；二是在平整场地的过程中，建保证设计面以下土壤的均匀性及密实度，避免后期下陷。

轻型推土机整平

人工整平

压实场地的目的，是防止土壤出现松散的情况，可以保护后续植物的正常生长，促使植物根系与土壤更好的接触，促进根系扎得更深更牢，防止后期出现倒伏。

为提高压实效率，在碾压机械碾压之前，宜先用人工或轻型推土机、拖拉机推平，低速预压 4~5 遍，使表面平实；采用振动平碾压实的应先静压，而后振压，确保场地平整性。

轻型压实机械压实

压实后场地效果

2.7　排水设施建设

2.7.1　盲管与雨水口连接管的布设（土壤渗透性能差的）

下凹式绿地在进行雨水调蓄的同时，应能保证超标降雨及时排放，因此在下凹式绿地中应按照设计要求建设溢流井和与室外排水管网衔接的连接管；对渗透性能较差的土壤，应该按照设计布置雨水盲管。

开挖沟槽

填充瓜子片按设计坡度铺设管道

管道支状连接并预留接入溢流井

瓜子片回填覆盖

按照设计管底标高和碎石垫层厚度开挖沟槽，回填时上覆瓜子片厚度至少 5 cm；设计未明确盲管形式时，可以采用开孔和开槽两种方式，开孔率应满足渗透雨水排放要求。

开孔或开槽的尺寸应小于上覆瓜子片的最小尺寸。为了防止上层杂质进入盲管内，可仅在管道底部开槽。

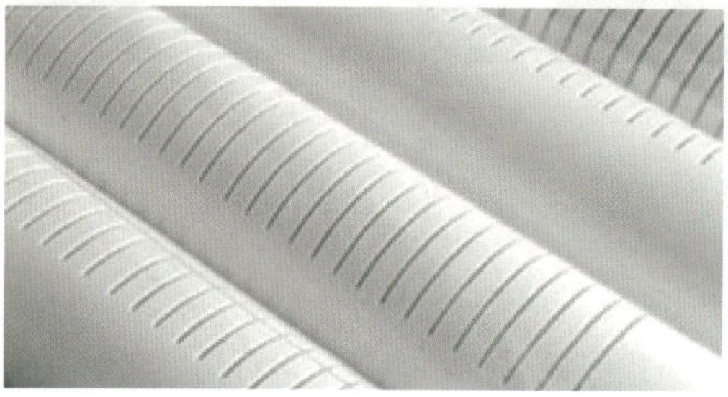

开槽式盲管

开孔式盲管

2.7.2 溢流井的建设

溢流井的建设是为保证降雨达到一定强度且滞留层充满后，雨水能够通过溢流口顺利排放、接入室外或市政雨水管线。溢流井与普通雨水井在结构形式上基本相同，但需要注意的是，溢流井溢流面应高于下凹式绿地回填土完成面，且相对高差应满足设计滞留层的要求，溢流井顶面与汇水场地最低点应满足超高的设计要求。

溢流井与溢流井盖、盲管衔接意向图

绿地内检查井往往埋深较浅，因此施工过程相对简单，但雨水井形式多样，有塑料井、砖砌井、模块井等多种，应按设计要求进行材料选择。

井坑应与管沟一同开挖，开挖时井座应与管沟中主管道应在同一轴线设置盲管等缓排设施的下凹式绿地，还应该考虑盲管与溢流井井筒以及上下游管线的衔接。在砌筑摞底时，应校核池口外边线与基准线是否平行，砌筑安装过程应保证井筒垂直。

溢流井的施工与常规检查井基本相同，不同材料的检查井施工应按照相应的技术规程进行。主要有以下几个事项应注意：

a. 高于回填土完成面低于汇水面

b. 多采用防堵塞、溢流量大的雨水篦子

c. 埋深较浅时注意与盲管、下游管段的衔接

2.7.3 进水口设置

下凹式绿地多采用分散进水的形式，部分下凹式绿地采用植草沟、卵石沟、排水沟或者侧石开口等集中进水方式，集中进水应该考虑防止冲刷，堆砌卵石降低水流速度，对

周边污染严重的场地应该加设具备截留、沉淀功能的设施。

植草沟与下凹式绿地

侧石开口与下凹式绿地

在施工期间应该根据场地周边情况及时设置雨水径流拦挡设施，防止泥沙、杂物进入下凹式绿地，影响下凹式绿地的功能。

施工期间集中进水口径流拦挡设施

2.8 回填

2.8.1 土壤选择

下凹式绿地草坪种植对土壤要求高，根据 2.5 节可采用原土回填、外运种植土或者原土改良的方式。

种植前应对回填的土壤理化性质进行测试，条件允许时，可采取相应的消毒、施有机肥和客土掺杂等措施，并送相关机构检测渗透性、肥力、pH 等指标，不具备条件的可采用简易措施进行确认，详见 2.3.2，响应草坪种植土壤改良的有关要求：

1. 用于种植草坪的土壤最好为壤土（评判标准详见 2.3.2），对于沙土可以采用掺拌腐殖土的方式，对于黏土可采用掺拌珍珠岩、河沙等对土壤进行改良。

2. 回填土除具备良好的渗透性能还需具备一定保水能力；有利于耕作和成活率，还有助于草坪草根系的生长和吸收足够的营养物质。

3. 土壤肥力要求适中，肥力过高或过低，会导致生长过盛或不足而影响种子生长，降低草坪的品质。

（1）土壤中除含有足够氮、磷、钾和硫之外，还应含有与草坪草生长有关的微量元素硼、钼、铜和锌等。

（2）为提高土壤肥力，最好施一些优质的有机肥料做基肥，但勿直接用家畜肥粪，因其中含有大量杂草种籽，会造成以后草坪中野草孳生。

4. 回填土不得含有杂草与杂物，清除杂物、杂草的目的是为了便于铺设、种植，避免草坪建成后杂草与草坪草争水分、养料，影响美观，所以在回填、种草前应彻底加以消灭。

5. 确保土壤 pH 值位于适合大多数植物生长的 5.8 ~ 6.8 之间。

回填种植土堆放和基本检查

2.8.2 回填作业

回填土采用由外向里回填的作业方法，保证不损伤其他已完成的作业面，回填土不得高于侧石或铺装，应低于周边 3~5 cm，防止雨水径流冲刷使得土壤进入硬质场地内。

绿化回填土应低于周边侧石或铺装

种植前要求土地非常平整，需要掌握如下几点：

（1）回填土饱满且要略高于设计标高，一般高度差在 3~5 cm 内；

（2）清理掉场地内 30 cm 深以内的所有小石块等物体；

（3）若是有地形的草地设计，一定要确保地形塑造平滑、饱满；

（4）在换土或耕翻后应灌水浸透 1 遍或滚压 2 遍；

（5）对土壤沉降、不平整部分进行整平、加土，及时撒入种植土进行地形修复；

（6）回填土略高于设计标高时可通过反复洒水或振动压实等措施控制稳定在设计标高。

回填完毕应采用小型振动压实机或者滚筒多次碾压回填土，以保证达到草皮、植被种植的压实度，防止后期出现凹陷、不平整等情况。

2.9　灌溉设施建设

2.9.1　给水管道埋设步骤

给水管道敷设应根据施工图测量确定线路，钉中心桩，放线定位，管沟开挖，管道安装、打压或灌水试验、检查验收、管沟回填。

2.9.2　开槽和安装

按设计图纸要求及测量的中心线，依据沟槽开挖尺寸撒好灰线，开挖深度为 10~15 cm，宽度为 10 cm；

管道安装前应用压缩空气或其他气体吹扫管道内腔，使管道内部清洁。敷设管道时，可将管材沿管线方向排放在沟槽边上，依次放入沟底，为减少地沟内的操作量，承重连接、焊接连接一定长度后，养护合格后用弹性敷管法下管，橡胶圈柔性连接宜在沟槽内连接。

沟槽开挖和管道敷设

采用橡胶圈接口的管道，允许沿曲线敷设，每个接口的最大偏转角不得超过 2°。管道安装和铺设中断时，应用木塞或其他盖堵将管口封闭，防止杂物进入。采用电熔、热熔接口，在沟槽边上将管道分段连接后以弹性铺管法移入沟槽；移入沟槽时，管道表面不得有明显的划痕。

阀门安装前应做强度和严密性试验，试验应在每批（同型号，同规格）数量中抽查 10%，且不少于一个，对于安装在主干管上起切断作用的闭路阀门，应逐个做强度和严密性试验，阀门试压宜在专用的试压台上进行，阀门的强度和严密性试验应符合规定。

灌溉管道阀门的准备及安装

2.9.3 试压试验

水压试验应在回填土前进行，水压试验前，对试压管段应采取有效的固定和保护措施，单接头部位必须明露，水压试验长度一般不要超过 1 000 m，超过长度宜分段试压。管道水压试验前后要做好水源引进及排水疏导路线的设计。

采用化学建材管（PE）的压力管道，管道中最后一个焊接接口完毕 1 h 以上方可进行水压试验。

试压程序如下：按相关标准试验管道，进水管段安装阀门，压力泵，压力表等。缓慢充水，冲水反应把管内空气全部排尽。空气排尽后，将检查阀门关闭好，进行缓慢加压，先升至工作压力，检查，再升至试压压力观察，然后降至工作压力读表，符合标准要求的为合格。

试压过程中，若全部检查若发现接口渗漏，应作出明显标记，待压力降至零后，制定修补措施全面修补，再重新试验，直至合格。

管道需进行试压后回填

试验合格后，进行冲洗，冲洗合格后，应立即办理验收手续，组织回填。管网冲洗所采用的排放管道，应与可靠的排水系统连接，并应保证排放畅通和安全，排水管道的截面面积不应小于被冲洗管道截面面积的 60%。

2.9.4 管道回填

管道安装验收合格后立即回填，尽量以原状土回填，回填时沟槽内应无积水，不得带水回填，不得回填淤泥、有机物与冻土，回填土中不得含有石块、砖及其他硬物体。管道回填宜在管道充满水的情况下进行，管道敷设后不宜长期处于空管状态。土壤回填具体要求详见 2.8.2。

2.10 边坡处理

如何处理下凹式绿地 10~15 cm 高差，对于下凹式绿地的景观效果尤为重要。下凹式绿地与周边的衔接分为自然放坡和硬质边缘两种形式，具体形式应遵循设计的要求。

2.10.1 自然放坡

在绿地、广场等具备足够放坡空间的区域，可以采用缓坡衔接下凹式绿地与汇水面，硬质铺装、道路与绿地边缘可取消侧石。

铺装与下凹绿地采用土方缓坡方式衔接

2.10.2 硬质边缘

硬质边缘的下凹式绿地指绿地与周边场地的衔接采用直立、硬质的方式。硬质边缘的处理好坏，直接关系到下凹式绿地的景观效果。应当避免场地基础结构层例如混凝土支护直接裸露。

铺装与下凹绿地裸露处的处理

采用阶梯衔接铺装与绿地

铺装与绿地竖向渐变的衔接处理

高差较小的区域也可采用草石隔离带、草石隔离板、不锈钢路缘带等形式，处理绿地与周边场地的高程衔接，具体如下图所示。

草石隔离带

草石隔离板

路缘不锈钢带

不锈钢板

2.11 植物种植

2.11.1 草源选择

应选择生长健壮且无病虫害的草源，草皮根部需带适量的护根土（心土）。草皮规格宜为 30 cm × 30 cm 的正方形，厚度宜为 3~5 cm。草皮铺种前应堆放在阴凉处，铺种前 24 h 应修剪并喷水，镇压保持草皮根部土壤湿润。

草源的选择

草皮的堆放与保护

2.11.2 草坪铺种

草皮铺种前，应将不平整的土层拍平，将压实后的土壤犁松，再将松土中的泥块敲碎并与基肥混匀，让草皮与种植土充分接触。一般要求种植土表面局部凹凸保持在 2 cm 以内，排水坡在 0.5% 以上。种植土平整后，可用河沙进行再次找平，便于草皮铺设。

草皮铺种时，应采用拉线的方法，保持草坪的平、整、齐以及草坪边缘线型的流畅。密铺草皮块与块之间应留一两指宽的缝隙。

犁土

铺种

2.11.3　碾压

一般需要进行3次碾压，确保沙土层与草皮充分接触，使草皮与土壤结合紧密，无空隙，易于生根，保证草皮成活率。

碾压的方式有多种：若是草皮面积大，可以采用滚筒车；若是面积一般，可以自制滚筒，人力拉动也可；如果是零星的草皮地，可以让工人用铁锹使劲儿拍打即可。

碾压的过程中应注意不得过度碾压，否则会影响土壤渗透系数。

人工滚筒碾压

机械滚筒碾压

铺种压实完成后的草坪

2.11.4 修剪

修剪是使草坪美观、保持草坪高度、降低病虫害的一种养护措施。刚铺设的草坪经碾压和浇水后草比较紧实，无须进行修剪。铺设后大约 10 天左右，根据草坪生长情况进行适当修剪。

草坪的修剪高度要综合考虑各种因素确定。同时要严格遵循 1/3 原则进行修剪，也就是每次修剪不能超过草坪的总高度的 1/3 原则。如果草坪过高，不应一次将草坪修剪到要求的高度，应采取多次修剪法，逐渐达到需要的修剪高度。如果一次修剪到要求高度，对草坪的伤害较大，影响草坪质量和生长发育。

修剪草坪草，要选择在晴天进行，并注意不能修剪后露土，以防阳光晒伤草坪。

修剪后的草坪草屑，应收集后带出草坪进行处理，如填埋、堆沤有机肥等。

草坪的修剪

2.12 养护和整理

2.12.1 保护措施

刚铺设完成的草坪由于土质松软，踩踏容易出现凹陷，应防止随意踩踏，草坪的进水处应有防止施工期间杂物进入的措施，防止泥浆、建筑垃圾随雨水进入下凹式绿地。

施工期间的警示措施

绿化施工雨水临时拦挡措施

2.12.2　施肥

因为草坪种植前已施基肥，但为使草坪草生长茂盛，颜色鲜绿、覆盖度好，草坪草能够充分吸收肥料，在草坪灌溉前应少量施肥，应根据草坪草的长势情况增施氮、磷、钾肥。

2.12.3　灌溉

草坪植物不能缺水，草坪施工后应及时灌水。在气温过高或降雨量偏少时必须进行人工灌溉或喷灌，喷灌时水速不要超过土壤渗水的速度，应避免坪表积水，给下凹式绿地适应时间。

绿化后施肥

自喷灌溉

穿孔管人工灌溉

1. 灌水时间：草坪施草缺水时会表现不同程度的萎怅，当表层土 5~10 cm 的土壤变干呈浅白色，此时要灌水，一般以黄昏和清晨为浇水的最佳时间。

2. 灌水量：草坪的灌水应取决于耗水量。为保证草坪草的正常生长，对新植草坪除雨季外，每周浇水 2~3 次，水量要足，土壤湿润到地下 20 cm 时，草坪生长就有足够的水分供应。

2.12.4　修补

由于草坪在种植完成、生长过程中，常遭受病虫危害或人为破坏，导致草坪缺失或退化，应根据草坪的具体情况进行修补或播种更新。

草坪的修补

（1）在时间比较宽裕，不紧张的情况下，可用播种的方法进行修补缺失草坪。

（2）当时间比较紧，要求达到立竿见影的效果，可用铺草皮的方法进行补，但要垂铺草皮。

2.13 其他景观变形

下凹式绿地内除了种植草坪外，还可以通过不同的景观处理手法进行形式的变化。

下凹式绿地内植物配置可以选择短期耐涝的植物类型，植物配置应与周边景观充分融合。对于植物配置种类丰富的、组团式种植的，应在下凹式绿地内按设计要求进行二次放样。

乔灌草石结合的下凹式绿地种植形式

以灌木为主满种的下凹式绿地

草本与置石结合的局部下凹式绿地

观赏草种植的下凹式绿地

碎石与植物结合的下凹式绿地

与景观水体结合的下凹式绿地

3 转输型植草沟

3.1 简介

3.1.1 定义

植草沟指种有植被的地表沟渠，可收集、输送和排放径流雨水，并具有一定的雨水净化作用，可用于衔接其他单项海绵设施、城市雨水管渠系统和超标雨水径流排放系统。本指南中的植草沟是指除渗透型的干式植草沟及常有水的湿式植草沟之外的转输型植草沟。

3.1.2 基本要素

1. 供植物生长的土沟

（1）能够稳定土壤的横向坡度；

（2）能够让雨水重力流淌的纵向坡度。

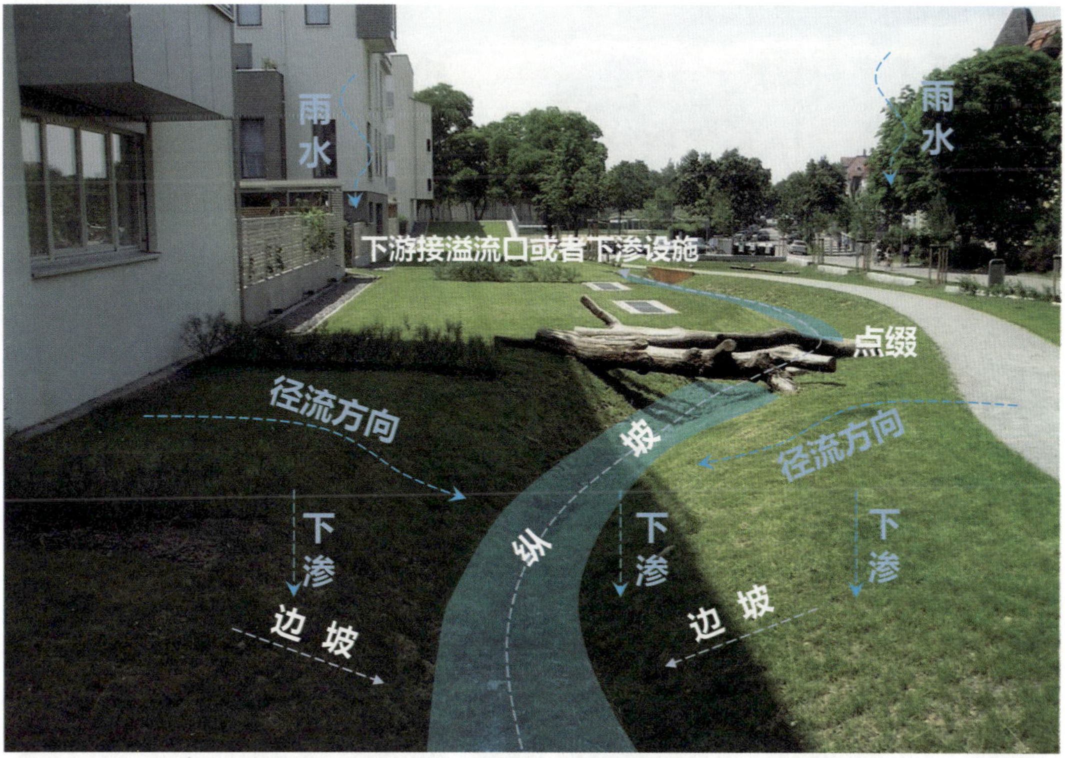

植草沟在径流控制中的作用示意

2. 进水口

（1）卵石堆缓解水流；

（2）污染严重的区域设置的过滤沉淀设施。

3. 沟内和周边的植物

4. 景观点缀

（1）团簇式植物；

（2）置石或卵石堆。

5. 溢流口 / 溢流井（如有需要）

6. 连接两侧的设施（石板、木板、小型桥等）

7. 下游连接的单项设施

3.1.3 主要优势和功能

植草沟是海绵城市建设中常见的用来处理雨水径流的宽阔草地通道，主要用于转输雨水径流和减缓雨水径流速度。

（1）利用植物稳定土壤，减少土壤侵蚀；

（2）减缓水流，增加下渗雨水量；

（3）过滤进入雨水中的沉积物、营养物和污染物；

（4）易于与海绵城市各单项设施相衔接；

（5）相较于排水管线，清理、维护更方便；

（6）能很好地结合景观需求。

3.2　施工工序

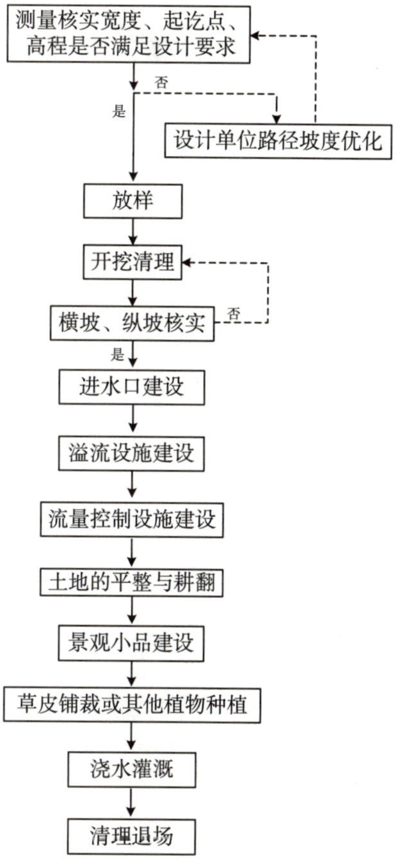

转输型植草沟施工工序

3.3　准备工作

3.3.1　材料及工具

植草沟施工前的工作准备，包括有序组织劳动力，安排材料、机械设备及时进场等，所需的材料、设备、机械如下表所示。

植草沟建设设备材料一览表

工序	设备和材料
场地竖向标高确认	水准仪、三脚架、竖向标尺
放样	木桩、软绳、石灰粉
开挖清理	小型挖掘机、铁锨、耙子
边坡检查、坡度确认	激光测量仪或水准仪

（续表）

工序	设备和材料
进水口布置	排水管道、卵石
溢流井建设	砌砖设备、预留套管或成品井筒、排水管道
流量控制设施建设	石材、钢板或者砌筑设备
土地平整与耕翻	铁锨、耙子
植物种植	手推车、草籽、草皮、覆盖物及裁剪设备、压实滚轮
局部造景	小型置石、卵石、本地草本植物
浇水灌溉	水源、给水软管
场地清理	手套、手推车
浇洒	自来水或回用水、软管

3.3.2 核实位置

（1）初步确认按施工图中植草沟的位置是否能够有效收集实际汇水片区内雨水径流，拟开挖的植草沟是否低于相邻的硬质铺装、位于景观造坡“等高线”的最低点；

（2）确认场地实际情况是否能够落实植草沟的设计宽度，应充分考虑构筑物的退让；

（3）核对植草沟起止位置：

① 植草沟通常靠近道路或者车道，是否有明确的进水位置；

② 植草沟尽头是否与下凹式绿地、雨水花园等海绵技术措施或者溢流井、雨水管道等排放设施衔接；

（4）核对植草沟路径：

① 设计路径中间是否存在高大乔木、弱电箱等阻碍；

② 设计路径横向高程是否与场地地形匹配；

③ 纵向高程是否满足设计坡度要求，不得存在跌水、反坡等高程变化。

如施工现场出现与设计不符的现象应及时告知建设单位、设计单位、监理单位，设计单位现场确认后根据实际情况进行变更设计。

注：植草沟过度曲折且存在反坡

注：植草沟被乔木的树桩根系拦挡

注：植草沟的宽度被灌木丛局限

注：植草沟拐弯展宽处与标识牌位置冲突

植草沟位置常见问题

3.4　放样

在核实完毕后，根据确认后的施工图，用石灰粉或者景观放线器进行放线，具体放线方式详见下凹式绿地 2.4 节。

植草沟放线不但要注重形状和尺寸，更应该根据设计断面形式，依据设计坡度在两侧分别放出坡顶线和坡底线，以便后期开挖。

植草沟放样过程中应在外侧标记反映溢流井、景观点缀等设施的位置。

转输型植草沟石灰放线

3.5　开挖

1. 移除放线内材料、工具等障碍物，形成便于开挖的通道。

2. 使用挖掘机和铁锨进行开挖，植草沟开挖的深度为设计深度 + 草皮的厚度；开挖过程中应不断核实深度，防止超挖以及后期补坡。

3. 开挖坡度、宽度应符合设计要求，植草沟通常情况下：

（1）应充分考虑边坡稳定，边坡坡度不宜超过 1∶3；

（2）宽度不宜小于 600 mm，考虑允许割草机进入。

为使得植草沟坡度准确，可先挖出中间沟槽形状，再按照设计坡度进行削坡、犁土。

4. 清理边坡上多余的土壤，使植草沟与周边地形顺利衔接，并提前考虑覆盖草皮后，周边雨水仍能够依靠重力自流进入。

Step1　人工开挖形成渠道

Step2　切削犁土形成边坡

Step3　稳固边坡轻度压实

5. 用铁锹反向轻拍或用脚反复踩踏，以相对牢固地夯实土壤。

6. 沟槽整形每 10 m 及完成后，应核实纵坡是否满足设计要求，坡度是否平滑，通常情况下：植草沟的纵向坡度宜为 3‰~4‰；核实纵坡可以采用以下两种方式：

（1）采用水准仪、标尺等仪器核实坡度；

（2）放置一定量水，观察水的流态是否平滑顺畅。

对存在壅水、积水或者反坡等的节点应进行修整，保证后期雨水转输的顺畅性。

采用仪器测量坡度

放水观察槽底流态

3.6　进出水衔接

转输型植草沟应建设径流进水口和连接到下凹式绿地、雨水花园等海绵设施或溢流井、雨水排放设施的出水口，进水口、出水口建设完成后根据现场施工情况应进行临时封堵，防止植草沟和下游设施被污染，详见下凹式绿地 2.7.3。

3.6.1　进水口建设

转输型植草沟即可集中引入雨水径流，也可沿途分散汇流雨水径流。

1. 雨水管道、暗涵等进水设施应当与植草沟顺接，防止出现积水现象。

进水口与植草沟应顺接以防止出现反坡积水

2. 集中式的进水口应根据设计设置防冲刷措施，污染严重的区域应设置带有截留、沉淀的雨水初步净化设施。

进水口应设置防止冲刷、净化的措施

3.6.2 出水口建设

转输型植草沟应与海绵技术措施或雨水排放设施连接。

1. 植草沟与下凹式绿地、雨水花园衔接处可以设置卵石防止冲刷，坡度较小或者长距离转输等水流较缓的植草沟尽头可采用顺接的形式。

植草沟与下凹式绿地衔接

植草沟与雨水花园衔接

2. 不与海绵技术措施相连接的应设置排水口（雨水篦子、溢流口等），与排水管道或者河道相衔接，溢流井建设详见下凹式绿地 2.7.2。

植草沟中途或末端设置排水口

植草沟末端设置溢流口

植草沟与河道直接衔接

3.6.3　排水的衔接与串联

植草沟在与道路等设施相交处，可采用开槽或者开孔、预留管道等形式，让植草沟上下游能够顺利串联、衔接。

植草沟穿越道路等障碍的串联衔接

3.7 安装流量控制设施

如果植草沟纵向坡度大于 4%，则需要进行流量控制，应按照设计要求在植草沟建设中增加护堤或拦水坎，以减缓水流速度，可采用石板、卵石堆或砌筑坝体。

纵坡过大的植草沟流量控制设施

如果植草沟断面边坡过大，可以采用挡土墙等措施防止因冲刷而造成水土流失。

边坡过大的挡土挡水坡

3.8　播种和种植

在植草沟覆盖的长度和宽度上，敷设草皮或者其他便于排水的植物，也可采用草籽播种的形式，本指南主要针对草皮敷设进行阐述。植物的种植和种植完成后的养护详见下凹式绿地 2.11~2.12，草皮敷设重点事项如下：

1. 对于边坡上局部不平的地方，可以浅铺砂粒找平后再进行草皮敷设；

2. 铺设完毕后应进行碾压，草皮形成的沟渠坡度同样应满足设计要求，不得出现草皮空鼓、重叠等情况，以便于水流畅通；

3. 铺设完毕、碾压后的草皮与进水口衔接处应当低于进水口汇水面 1~2 cm，如果高于进水口，应对植草沟槽床进行切削；

4. 与植草沟中其他点缀设施的衔接应根据设施的形状进行裁剪，裁剪完成的草皮与设施之间保持一两指的宽度。

转输型植草沟草皮铺设

3.9 造景点缀

为了美化转输型植草沟整体景观，可根据施工图设计在局部设置景观小品，景观小品的设置不应当影响植草沟的过流能力。

3.10 收尾

3.10.1 检查

转输型植草沟种植、造景完成后应当对已初步完成的成果进行快速检查：

（1）草皮是否覆盖完全，有无裸露的斑块，如有应当进行修整；

（2）再次检查植草沟的横坡、纵坡是否满足设计要求，如不满足应进行修整；

（3）雨水是否能够顺利流入植草沟，是否能够顺畅通过植草沟，最终与下游设施顺利衔接。

3.10.2 恢复

检查、修整完毕后，应当对其他工作进行收尾：

（1）恢复植草沟周围区域的原始状态；

（2）清除多余的草皮和挖出的土壤等材料；

（3）对景观细节进行打磨；

（4）确认其他场地施工完毕后，移除进水口、出水口处的控制装置。

4 旱溪（卵石沟）

4.1 简介

4.1.1 定义

旱溪（卵石沟）模仿自然界中干涸的河床，是由形态各异的卵石覆盖而成的一种浅层沟壑，在海绵城市建设中用于收集和引导雨水径流。

4.1.2 基本要素

（1）供卵石堆放的沟槽

① 能够稳定卵石的横向坡度；

② 能够让雨水重力流淌的纵向坡度。

（2）进水口

① 进水管道（如有需要）；

② 污染严重的区域设置的沉淀设施。

（3）卵石

① 沟内小粒径的卵石；

② 两侧粒径较大的块石。

（4）景观点缀

① 团簇式植物；

② 大型置石或花径等。

（5）溢流口 / 溢流井（如有需要）

（6）连接两侧的设施（石板、木板、小型拱桥等）

（7）穿路的暗管或暗涵

（8）下游承接雨水径流的单项设施（海绵技术措施或常规排水设施）

4.1.3　主要优势和功能

旱溪（卵石沟）用来收集和引导雨水径流，与下游的海绵技术措施或者排水设施相衔接，可以从屋顶、车道和其他硬化表面收集雨水。

旱溪在径流控制中的作用示意

旱溪（卵石沟）主要具有以下的优势和功能：

① 可以满足各类型场地雨水径流的收集、引导和延缓；

② 较植草沟更适合拐弯半径小、纵坡大的场地；

③ 利用卵石可以稳定土壤，减少土壤冲刷侵蚀；

④ 对雨水径流中的杂物及污染物进行过滤；

⑤ 结合植物小品的点缀可以营造仿自然的景观效果；

⑥ 埋设较浅，便于与各单项海绵技术措施相衔接；

⑦ 较常规排水管线便于清理、维护简单；

⑧ 不设置防渗层的旱溪（卵石沟）可以增加下渗的雨水径流量。

4.2 施工工序

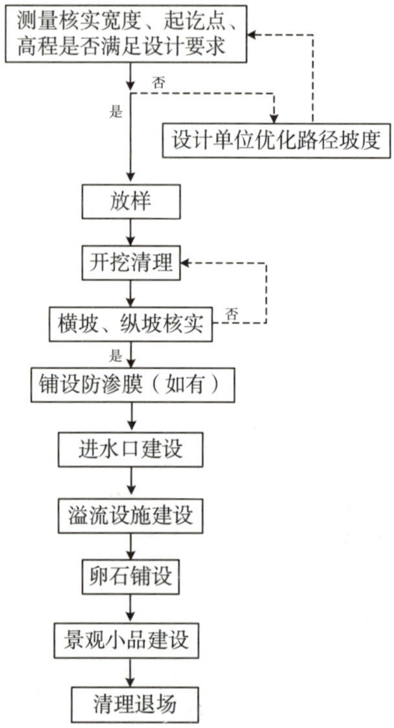

旱溪（卵石沟）施工工序

4.3 准备工作

4.3.1 材料及工具

旱溪（卵石沟）的施工前的工作准备，包括有序组织劳动力，安排材料、机械设备的及时进场等，所需的材料、机械设备如下表所示。

旱溪（卵石沟）建设设备材料一览表

工序	设备和材料
场地竖向标高确认	水准仪、三脚架、竖向标尺
放样	木桩、软绳、石灰粉、标记涂料、放线器
开挖清理	小型挖掘机、铲子、耙子
边坡检查、坡度确认	激光测量仪或水准仪

（续表）

工序	设备和材料
防渗膜敷设	两布一膜或者 HDPE 膜、固定卡叉
进水口布置	排水管道、开口侧石、格栅沉淀
溢流井建设	砌砖设备、预留套管或成品井筒、排水管道
卵石敷设	卵石（3~4 种粒径）
景观小品建设	手推车、草本植物、覆盖物、置石、草石隔离带
场地清理	手套、手推车
浇洒	自来水或回用水、软管

4.3.2　核实路径和竖向高程

开挖前正确确认竖向高程

（1）结合现场实际情况，根据施工图核实拟建卵石沟是否位于设计汇水范围内的低点，汇水范围内雨水径流能否有效进入拟建的卵石沟；

（2）根据拟建卵石沟上游入口、下游出口的实际标高以及长度，初步判断卵石沟的纵坡是否能够满足设计坡度的要求，是否能够避免反坡及跌水等情况的出现；

（3）核实拟建卵石沟路径上横向位置、坡度是否与场地“等高线”相协调，不得存在随意切割等高线的情况；

（4）核对旱溪（卵石沟）是否能保证雨水高效流动；路径上是否存在有碍水流畅通的急弯，是否存在高大乔木、弱电箱等障碍物；

（5）确认场地实际情况是否能够落实卵石的设计宽度，应充分考虑构筑物的退让；大多数旱溪（卵石沟）宽约 1.2 m，深约 15~30 cm；

（6）核对旱溪（卵石沟）起止位置：

① 旱溪（卵石沟）通常靠近道路或者车道，是否有明确的进水位置；

② 旱溪（卵石沟）尽头是否与下凹式绿地、雨水花园等海绵技术措施或者溢流井、雨水管道等排放设施衔接。

如施工现场出现与设计不符的现象应及时告知建设单位、设计单位、监理单位，设计单位现场确认后根据实际情况进行变更设计。

从建筑开始

从铺装道路开始

沿着道路铺设

进入雨水花园

进入河道等水体

进入排水管渠

4.4 放样

使用标记涂料、石灰粉或者景观放线器在地面上放出旱溪（卵石沟）的轮廓。

从开始到结束在旱溪两侧喷洒涂料或者石灰粉，过程中不断测量核实宽度，保证与设计要求的宽度一致。

标记后应根据轮廓线通过观察进行简易的复核，复核是否满足设计的宽度、线型要求，并确认旱溪（卵石沟）是否便于挖掘。

采用软管放线器放样时，应注意软管的固定；可以将软管和标记涂料结合，先用软管进行放线，核实后边走边提起软管，避免在软管上留下涂料或者石灰粉。

软管结合标记涂料放线

石灰粉放线

软管放线

4.5　清理及挖掘

4.5.1　清理

用耙子清理旱溪（卵石沟）两根标记线内的杂物和杂草，便于后期的开挖。

清理标记线内的杂物

4.5.2 开挖

1. 根据放线开挖沟槽，以便于形成渠道，为卵石的堆放提供条件，主要要求如下：

（1）移除放线内材料、工具等障碍物，形成便于开挖的通道；

（2）使用挖掘机和铁锨进行开挖，开挖过程中要考虑卵石堆放的厚度和卵石沟形成后的深度要求，并在开挖过程中不断核实深度，沟槽的中心应该是最深的点，或者至少与沟槽两侧一样深；

（3）确保沟槽从起始点到终点遵循自然的向下倾斜的坡度，并核实是否符合设计要求，确认方式详见植草沟 3.5；

（4）可以采用铁锨反向拍打或用脚反复踩踏，以牢固地夯实土壤，或者采用小型夯实机械进行夯实；

（5）将土壤铲入独轮车或者其他运输设施，将多余的土壤移出沟槽附近的区域；

（6）对于需要敷设防渗层的，应该在开挖后夯实前清理尖锐的杂物，以防划伤防渗膜等防渗措施。

2. 不同的旱溪（卵石沟）形式，开挖时深度和边坡有一定的差别，主要区别如下：

（1）缓坡式

断面形式为缓坡的形式，敷设卵石为 2~3 层，厚度较薄，开挖时应注意挖出旱溪（卵石沟）沟槽的形状，两侧的坡度应便于后期卵石的稳定堆放。可类似于植草沟的挖掘（详见 3.5），先挖出中间沟槽形状，再按照设计坡度进行削坡、犁土。

缓坡式的旱溪沟槽挖掘

（2）陡坡式

横坡为陡坡形式的旱溪（卵石沟），通过卵石本身的堆放形成稳定的卵石床。开挖的深度应该满足卵石堆放厚度的要求，对于本身的坡度要求并不严格，可利用卵石自身的稳固，防止边坡的坍塌。

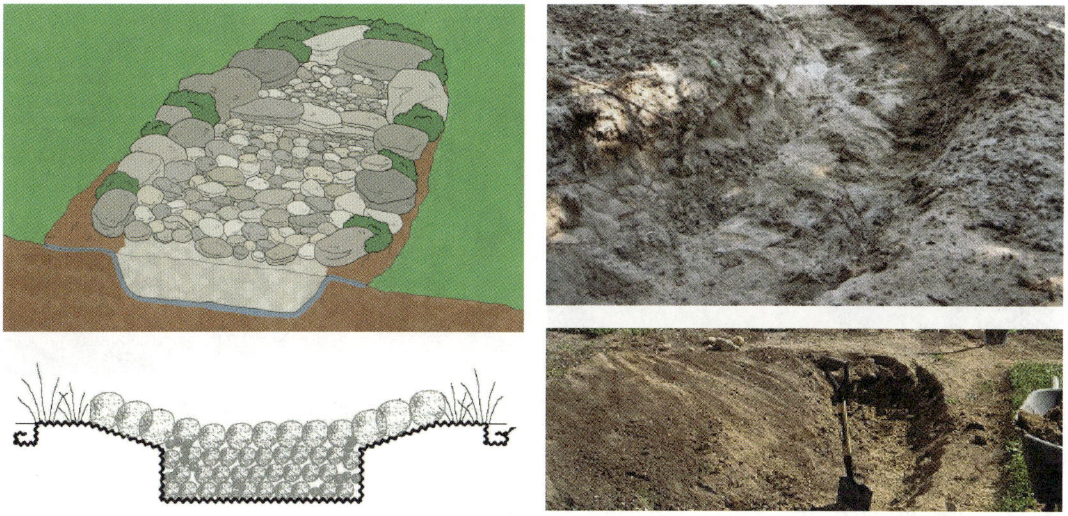

陡坡式的旱溪沟槽挖掘

4.6 铺设景观织物

由于卵石本身固土的作用较弱，所以为控制冲刷，可以将整个沟渠铺设景观织物，如土工布，以稳定卵石下部的槽床，防止冲刷造成水土流失。

覆盖时，两侧应至少预留 30 cm 的宽度，以确保能将整个卵石沟底部覆盖，并考虑后期褶皱等折损，多余部分后期可以采用内折的方式，防止土工布两侧破损，将土工布的一端叠入土工布下侧，对于仍然多出的部分可以进行修剪。

可采用专用固定织物钉或沿着景观织物边缘的大石头来固定景观织物，固定的织物应保证在后期施工完毕后不得裸露。

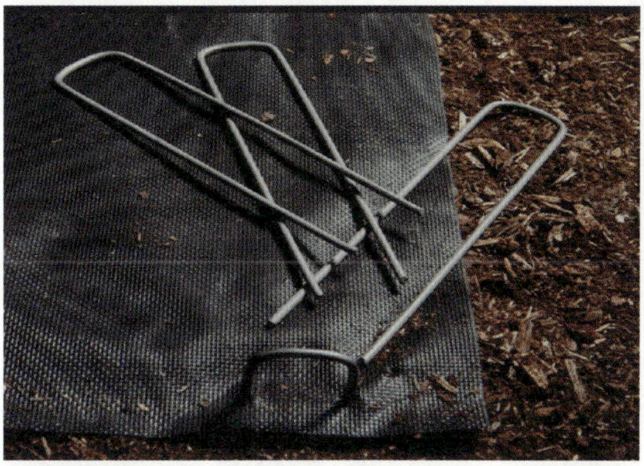

景观织物的选择

织物侧边的内折

织物内部和侧边的固定

织物铺设固定完成

4.7 进出水衔接

旱溪（卵石沟）应设置径流进水口和连接到下凹式绿地、雨水花园等海绵设施或溢流井、雨水排放设施的出水口，进水口、出水口建设完成后根据现场施工情况应进行临时封堵，防止旱溪卵石和下游设施被污染。具体要求详见本篇 3.6。

4.7.1 进水

接雨落水管

接建筑与场地雨水

接道路雨水

接入雨水花园

接入水体

4.7.2　出水

接入下凹式绿地

设置溢流口等排水设施

4.8　铺设卵石

在沟槽底部铺上一层中等大小的卵石。沿着沟槽边使用较大的块石和圆石靠在土丘的一侧，内部布置中等及稍小的石块。

4.8.1　放置大型石块

沿着边缘放置几块大型石块（直径超过 25 cm 的石头），并将它们随机分组，尝试模仿自然形式以获得最自然的景观效果。拐弯处可放置石块引导水流方向，减少水流对边坡的冲刷。如有必要，去除并清理地表杂草及杂物，以方便将石块固定在适当的位置。

4.8.2　放置中等大小的石头

在大型石块周围和其他区域放置一些较小的岩石（直径 5~15 cm）。与大型石块一样，随机放置，比均匀排列看起来更自然。通常，使用中型岩石在沟槽的两侧排列，并尽可能在中心添置卵石或小块岩石。

4.8.3　填入河岩（如有）

用直径 2~4 cm 的卵石或砾石覆盖小河床底部的其余裸露区域。 该层应足够厚，以完全隐藏景观织物。 用耙子将较小的石块铺在沟槽的中央并使其平滑。 用手将卵石推向大型石块周围，以保持自然外观。

周边放置大石头

内部放置中等大小石头

填入小块卵石

4.9 添加特殊功能

放置景观小品满足景观要求和特殊功能，例如，采用石板作为跨越卵石沟的石板桥，增加锈钢板来减缓水流的速度、增加景观的丰富程度，在两侧摆放供人员休憩的石块等。

采用木桥、石桥横穿卵石沟

与横向铁轨结合的卵石沟

增加雾森系统的卵石沟

与休憩设施结合的卵石沟

4.10　种植植物

建造旱溪（卵石沟）后，可以在其两侧种植植物。在相对较生硬的卵石沟中点缀植物，可以柔化卵石沟的外观。在大雨中，植物还可以防止侵蚀。通常，添加植物最好的地方是沿着旱溪边缘的置石后面。用石头或木头覆盖在种植区周围。只需确保覆盖物不会被冲入旱溪中，造成堵塞过流断面的问题。

4.11 各种形式旱溪（卵石沟）

5 渗井

5.1 简介

5.1.1 定义

渗井是一种立式地下排水设施，指通过井壁和井底进行雨水下渗的设施，为增大渗透效果，可在渗井周围设置水平渗排管，并在渗排管周围铺设砾（碎）石。

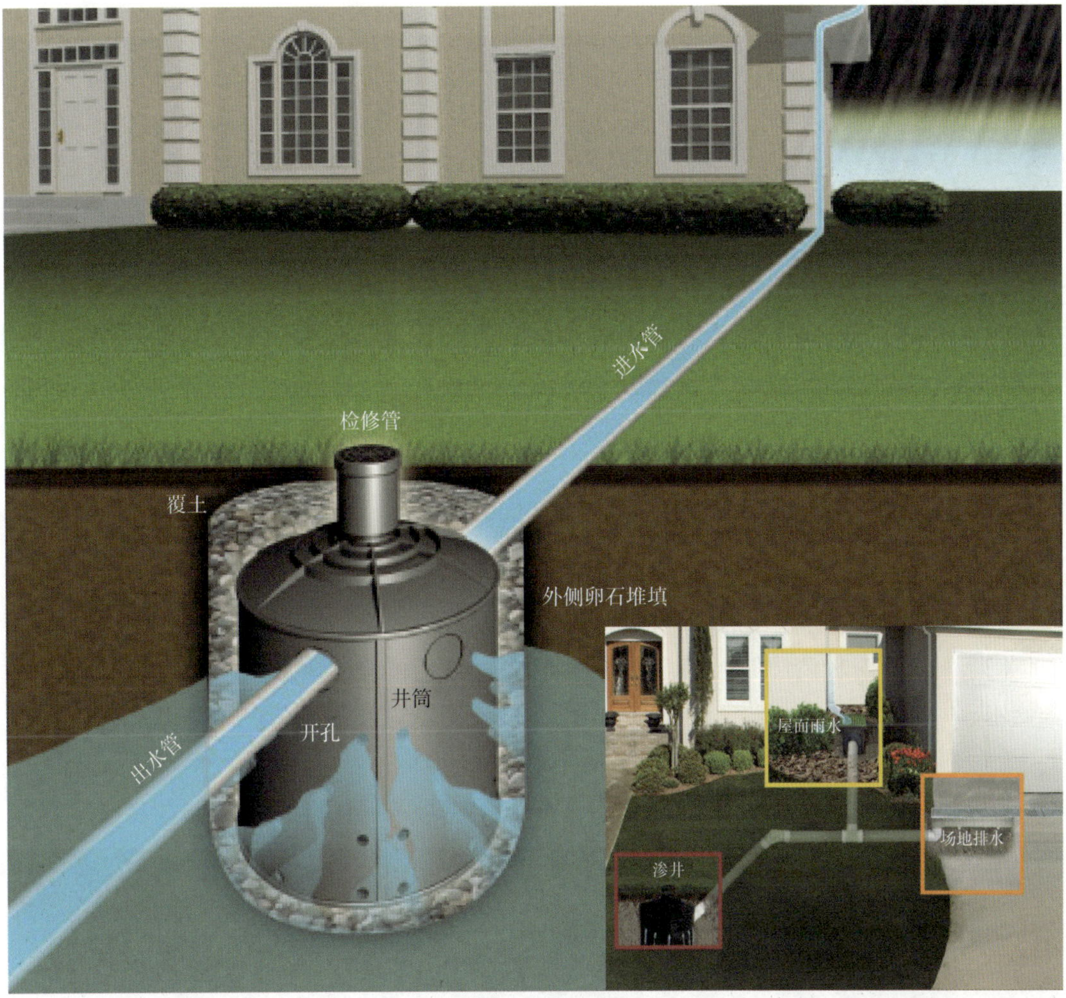

渗井在径流控制中的作用示意

5.1.2 基本要素

（1）雨水可以重力自流进入的进水管；

（2）开孔井筒或者开孔水箱；

（3）用于检修的检修管或者小型检修井；

（4）用于增强入渗效果而在外侧堆填的砾石或者卵石；

（5）卵石外侧铺设的透水土工布；

（6）渗透性能良好的、可入渗的周边土壤；

（7）高于进水管管内顶高程的出水管；

（8）防止发生次生灾害的必要措施（如有需要）。

5.1.3 主要优势和功能

渗井是有孔、有盖的地下容器，占地面积小，对地表的景观塑造影响较小。

渗井模仿、强化场地开发前雨水入渗，起到缓排的作用，增加雨水对地下水的入渗，回灌、补充地下水，保证了场地内土壤的含水率。

渗井在径流控制中的作用示意

5.1.4 适用范围

渗井适用于：

（1）地下水埋深较深，为雨水下渗留足空间的区域；

（2）土壤的渗透性能较好，但非湿陷型土壤区域；

（3）雨水相对较清洁的区域，如屋面雨水、过滤后的绿化雨水、预处理后的铺装、路面雨水；

（4）对雨水径流控制以及回用要求不高的区域；

（5）建筑雨落管无法断接、空间有限不能采用绿色海绵城市的区域。

5.2　施工工序

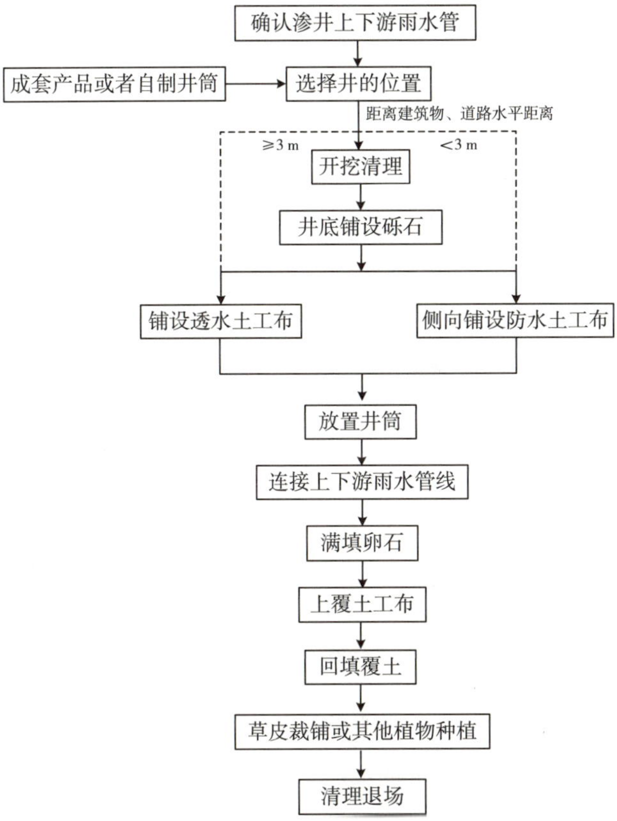

渗井施工工序

5.3　准备工作

5.3.1　材料及工具

渗井的施工前的工作准备，包括有序组织劳动力，安排材料、机械设备的及时进场等，所需的材料、机械设备如下表所示。

渗井建设设备材料一览表

工序	设备和材料
场地条件确认	激光测距仪、铁锹、50 cm 直尺、相对干净的水
选择井的位置	木桩、软绳、石灰粉、标记涂料、放线器

续表

工序	设备和材料
开挖清理	螺旋钻机、小型挖掘机、铲子、耙子
井底铺设卵石	卵石、激光测距仪
透水土工布 / 防渗膜敷设	两布一膜或者 HDPE 膜、固定卡叉
自制、放置井筒	雨水罐、排水管、手持电钻、水准仪
连接上下游雨水管线	水准仪、排水管道、弯头、PVC 胶水
满填卵石	卵石、铁锹、手推车
上覆土工布	透水土工布
回填覆土	种植土、铁锹
草坪裁铺 / 种植	草皮、草本植物、覆盖物、置石等
场地清理	手套、手推车

5.3.2 确认场地条件

1. 查阅场地地勘报告，判断地下水季节性最高水位是否满足渗透要求；

2. 开挖后进行渗透性试验，确保场地内土壤能够满足雨水入渗的要求，详见 2.3.2；

3. 核实上下游雨水管线是否符合设计要求，计算雨水进水管高度，核实井筒深度、上覆土壤深度是否能够满足设计要求；

4. 确认渗井设计位置是否存在管线、铺装等障碍，设计位置平面和竖向是否足够渗井的布置；

5. 如施工现场出现与设计不符的现象应及时告知建设单位、设计单位、监理单位，设计单位现场确认后根据实际情况进行变更设计。

5.3.3 井筒选择

井筒的选择应保证设计调蓄空间，除此之外，井筒的选择还应保证足够的抗压强度，保证长期使用。埋设在绿化中，荷载不高的，可以采用塑料、玻璃钢成品渗井井筒，如下图所示。

成品塑料渗井井筒

成品玻璃钢渗井井筒

成品串联带状渗井

在缺少成品的情况下，也可以采用雨水筒、雨水管等材料打孔自制井筒，详见下图。

自制渗井井筒

在道路、广场等荷载较高的区域，可采用钢筋混凝土、硅砂等预制成品渗井井筒，其中硅砂井筒可以不开孔，通过井体自身的孔隙向外渗透雨水。

混凝土渗井井筒

硅砂渗滤井井筒

混凝土串联渗井井筒

5.4 选择井的位置

根据设计核对渗井的位置，渗井的位置应便于开挖，能够与管道衔接，暴雨时能及时排放。渗井的位置一般应与建（构）筑物、道路基础保证 3 m 以上的水平距离，防止雨水下渗对基础的破坏，可通过管道将雨水尽量引离；在无法满足距离的情况下应当设置侧向防渗膜等防止次生灾害发生的措施。

此外，渗井位置在竖向空间上不得存在除雨水管外其他管线及小型地下的构筑物，防止开挖时造成破坏。

确认位置后应用石灰或标记涂料标识出渗井的平面形状，以便于后期的开挖。

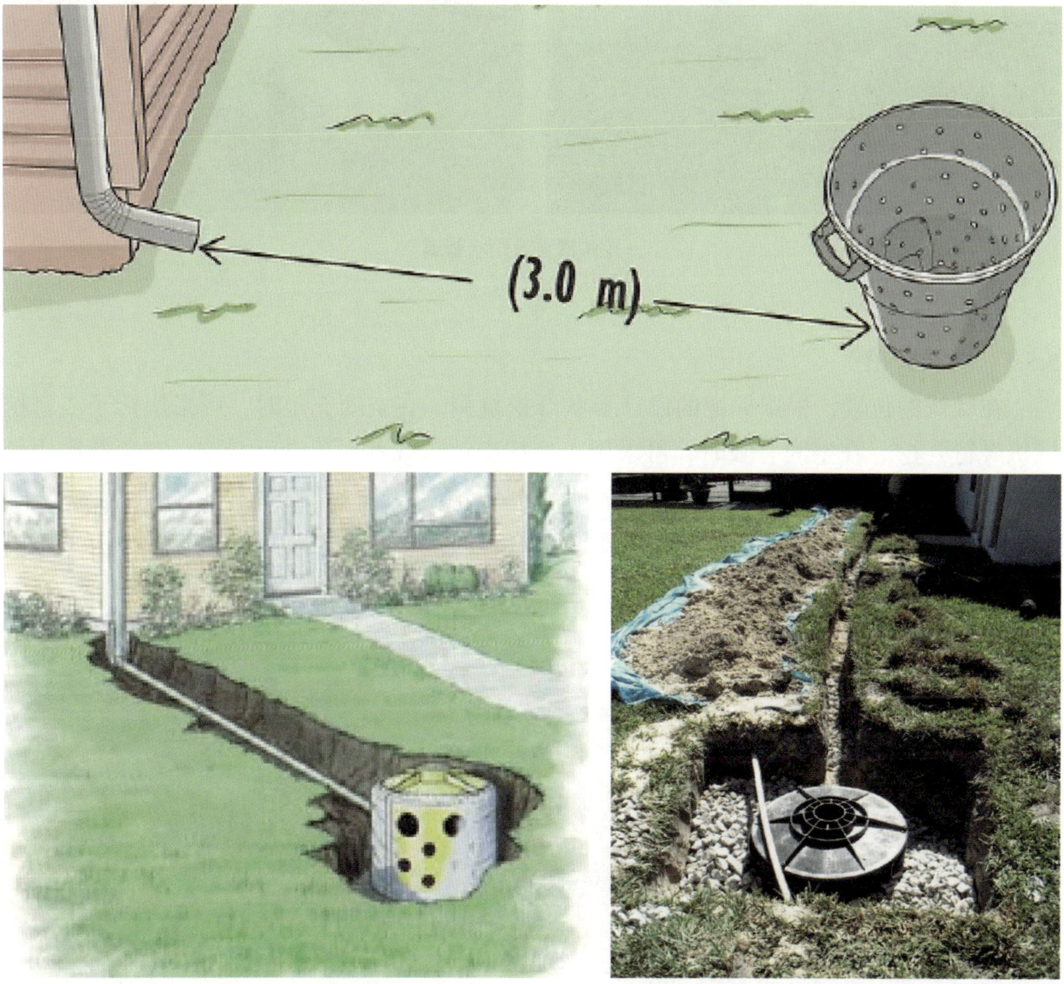

渗井位置的选择

5.5 开挖清理

5.5.1 管槽开挖

对于没有铺设雨水管道的需先埋设管道，并预留接入渗井的管段，管道应该保证设计所需的埋深和坡度。

开挖沟槽埋设雨水管道

5.5.2 坑洞开挖

在确认的位置，根据标记的设计形状开挖坑洞。在空间充足时，可采用铲子或者挖掘机进行开挖；在空间有限时，可采用小型螺旋钻机或者人工进行开挖，避免对周边场地的扰动。人工开挖为方便操作，可带一定的竖向坡度。

已经布设雨水管线的，应先对雨水管线进行断接，在开挖过程中应当保护上下游雨水管不被破坏。

钻机开挖

挖掘机开挖

开挖时应当注意开挖深度和平面尺寸：

直径或宽度（m）≥［井筒最宽的直径（m）+ 卵石的厚度（m）×2］

深度（m）≥［雨水管覆土（m）+ 雨水管管径（m）+ 雨水管底至井筒底部的高度（m）+ 底部碎石垫层厚度（m）］

渗井开挖的尺寸

开挖工序应当在晴天进行，应当保证土壤相对干燥，并将坑底清理干净，开挖出的土壤，可以先就近有序堆放，以便后期进行回填，如果不能及时进行回填应加设防止扬尘和雨水冲刷的措施，以防产生倾覆和二次污染。

开挖后的土壤堆放

5.6 井底铺设砾石

5.6.1 砾石的选择

砾石的选择应遵循以下几个原则：

（1）回填卵石应相对洁净，防止泥浆堵塞渗井孔洞、污染渗井内部；不得回填掺有砂浆的砾石，防止其中的砂浆板结，破坏渗透性能。

（2）砾石的粒径应符合设计要求，并相对均匀，且粒径不小于渗井开孔孔洞，以防止砾石通过孔洞掉入渗井。

（3）砾石不得有过多棱角，以防止棱角对井筒和土工布的破坏。

砾石的选择示范

5.6.2 砾石的铺设

将选择好的砾石倒入渗井底部，砾石倒入后应保证砾石层平整，倒入底部砾石的厚度应符合设计的要求。

底部砾石铺设

5.7　铺设土工布

大部分情况下，渗井应选择渗透性能良好的、能够防止土壤进入的透水土工布进行布置，以防止土壤向内挤压。

5.7.1　外侧铺透水土工布

渗井完成底层砾石铺设后，宜在坑洞周边布设一圈透水土工布，透水土工布铺设时应预留能够覆盖渗井顶部的长度，以保证砾石堆填后可以折叠覆盖顶部，上层覆土不会塌陷。

5.7.2　井筒包裹透水土工布

对于土层结构相对稳定的、可以防止土壤入侵渗井的，可采用透水土工布包裹渗井的方式，外侧与土壤接触的砾石应选择粒径较小的，且压实度应适当提高。

底部土工布及砾石铺设

井筒包裹透水土工布

5.7.3　防渗土工布铺设

渗井应用于距离建筑物、道路等基础小于 3 m（水平距离）的区域时，应采取侧向防渗处理，如铺设 HDPE 防渗土工膜，隔绝侧向渗透，只保留垂直方向的渗透功能，防止雨水渗透对地基、路基的破坏，引发次生灾害。

侧向防渗膜的敷设

5.8 放置井筒

在处理好底部垫层、铺设好土工布后，应放置渗井井筒，轻质的塑料、玻璃钢井筒，可以人工放置，混凝土、硅砂等重型井筒应该采用吊装的方式。未埋设雨水管的，可以先行安装雨水管线后再放置井筒。

人工安装轻型渗井

重型渗井吊装

渗井应垂直于底部放置，以保证雨水渗透方向均匀，可以采用水平仪进行测量。此外，应核实加设检查口或者溢流井后的标高是否能满足要求——略高于周边地面，或者与周边地面保持齐平。

检查井筒的垂直性

核对安装后的高程

5.9　上下游雨水管道衔接

雨水管的连接应与渗井同步布置，可以在渗井安装之前，按照相应的角度（对应不同的坡度）进行连接，也可以在渗井安装完成后，采用套装的方式。

放入坑洞前预先进行管道安装

雨水管衔接示意

渗井的出水管的内底高程宜高于进水管的内顶高程，以保证雨水尽可能通过渗井向外渗透，但出水管不应高于上游相邻井的出水管的内底高程，如下图所示。

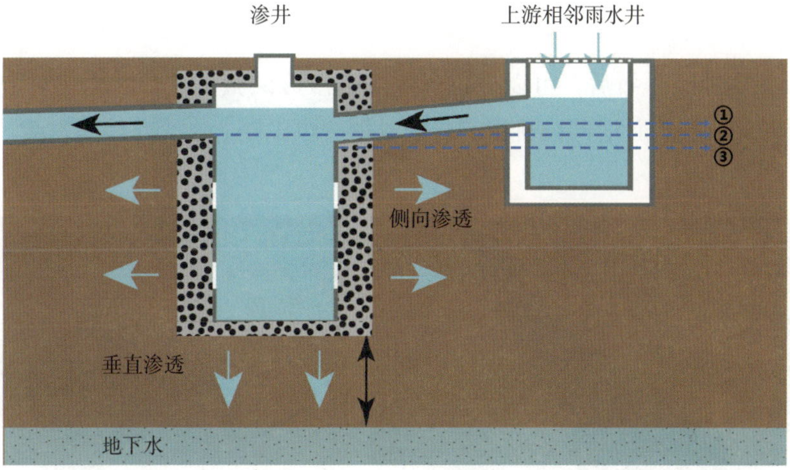

注：① 上游相邻井的出水管管内底高程；② 出水管的内底高程；③ 进水管的管内顶高程

渗井进出水管跟上下游管线的关系

5.10 堆填卵石

渗井周边铺设的砾石可以增加调蓄空间和渗透功能，在土层和井筒之间形成了过渡结构。

砾石的选择原则同本篇的 5.6.1 节，砾石应当分层分次倒入，并将其平铺后踩踏压实，每次倒入深度保持在 20~30 cm，最终深度应该保证上层覆土厚度。

两侧堆填卵石

渗井外侧铺满砾石后，可以进行多次灌水渗透试验，渗井灌满相对洁净的水，计算渗透完成时间，在设计时间内排空的，进入下一道工序。

渗水试验

5.11　回填

5.11.1　上覆土工布（如有）

对于堆填砾石粒径较大的，堆填后往往具有较大的孔隙率，因此应该在上层敷设透水土工布。

外侧透水土工布预留长度的（如本篇的 5.7.1 所示），可以进行折叠覆盖，搭接处的宽度应不小于 15 cm；外侧没有预留透水土工布的，可以单独上覆一层透水土工布，边缘应该塞入堆填的卵石中。

土工布单独覆盖

土工布折叠覆盖

5.11.2　原土回填

在压实堆填砾石或覆盖透水土工布后，应采用原土进行回填，回填后应进行压实，压实后标高应考虑种植草皮等植物后与周边场地的顺接，不得凸出地面，检查口应露出地面，便于后期检查。多余的土方应进行集中清运，不得破坏周边场地。

原土回填覆盖

5.12 种植和造景

原土回填后，应该进行上层造景，造景可以采用种植草皮、堆放卵石、放置置石、种植小型灌木、覆盖松树皮等多种形式；在保证土壤蓬松度的同时，达到渗井覆盖后场地与周边的景观协调一致，检查口应适当裸露以便于后期的检查、检修。

上层覆盖草皮

堆放卵石

放置置石

检查口的设置

第三篇
小型装置及附属设施

1 本篇总则

1.1 编制目的

为全面贯彻落实国家关于海绵城市建设的相关要求，加快江苏省海绵城市建设，规范与提高海绵城市建设的施工技术与管理水平，确保工程质量，做到安全适用、技术先进、经济合理，制订本篇内容。

1.2 适用范围

本篇内容根据江苏省内气象、水文、地质等特征，结合省内外海绵城市建设相关经验及成果编制而成。适用于江苏省内新建、改建、扩建的建筑与小区、绿地、道路与广场、水务工程等项目中雨落水管断接、侧石开口、前置截留设施等海绵城市设施附属设施的施工建设过程，供施工参考。

1.3 基本原则

1. 海绵城市的施工过程中，应统筹室外总平面、园林景观、建筑、给水排水等方面，使之相互配合施工。

2. 对海绵城市的施工过程应进行全过程、全方面的管控，保证海绵城市建设工程高质量、高标准施工，同时，应制定相应的维护措施，保证建成后能够高效工作，降低维护成本。

3. 江苏省各地海绵城市建设施工过程中，除符合本指南外，还应符合国家现行的相关法律法规、规范及标准的规定。

2 雨落水管断接

2.1 简介

雨落水管是用于排除屋面雨水的排水立管，目前大部分建筑雨落水管被集中引至地面以下铺设的室外雨水管道中。

雨落水管断接是一种简单、常见的海绵城市技术措施，是把雨落水管在地面以上截断，防止雨水直接进入雨水管道系统，使更多的雨水径流在场地内部得以控制。

断接后的雨落水管可将屋面雨水收集进入雨水罐（桶），或利用雨落水管下方设置的缓冲措施降低冲击力，通过植草沟、卵石沟等转输设施引导或者直接散流进入雨水花园、下凹式绿地等海绵技术措施中。

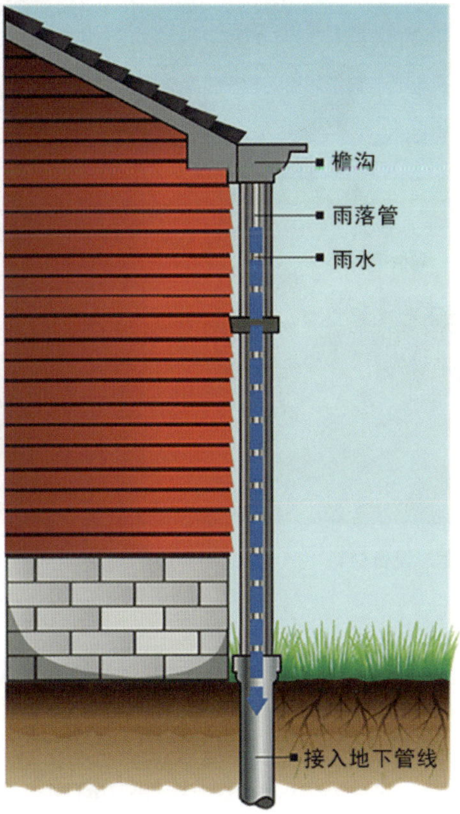

传统雨落水管与室外排水管线直接连接

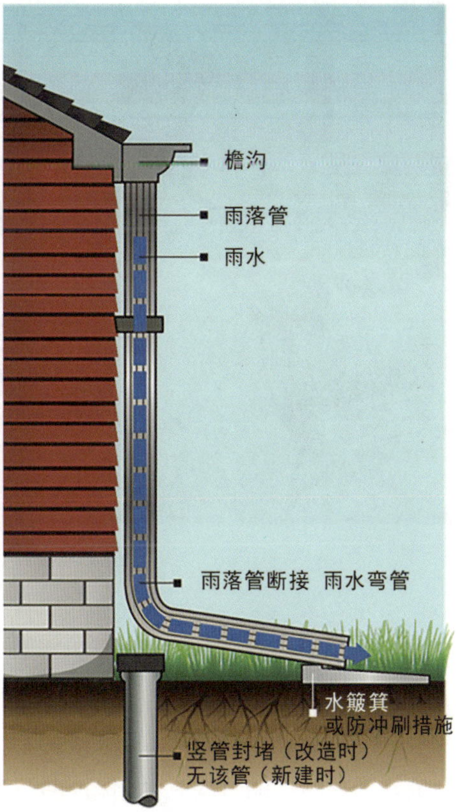

雨落水管断接排入室外场地净化排放

2.2 准备工作

切断雨落水管施工前的工作准备，包括有序组织劳动力，安排材料、机械设备的及时进场等，所需的材料、设备、机械如下表所示。

雨落水管断接（改造）设备材料一览表

工序	设备和材料
切断雨落水管	钢锯、卷尺
堵塞下部雨落水管	膨胀塞或帽、螺丝刀、尖嘴钳
安装新的弯管	弯头和加长件、UPVC 胶粘剂、手持电钻、螺丝
设置防冲刷设施	水簸箕、卵石、开孔软管等

雨落水管断接（改造）设备材料

2.3 切断雨落水管

测量好需要断接的管线长度，保证断口在地面以上 15~20 cm，使用钢锯切断雨落水管。从雨落水管竖管的末端移去断开的管线。

确定断接的尺寸

进行雨水管道锯断裁剪

2.4　堵塞下部雨落水管

用膨胀塞或膨胀帽（测量管道并向五金店询问正确的尺寸）来堵塞明渠竖管，应避免使用破布或混凝土堵塞管道——以防堵塞室外排水管道。

橡胶膨胀帽

橡胶膨胀塞

对下部进行堵塞

2.5 安装新的弯管

使用 135° 弯管导流下泄雨水，避免雨落管雨水直接冲刷墙壁和散水坡，防止对墙壁和地面造成破坏。

弯头采用胶接的方式，如有必要，可在每个连接件的两侧各钻一个孔，然后用金属片螺钉固定连接件。

如果需要加固雨落水管和新增的弯头和管道，可以在雨落水管的上方增加一个卡环。

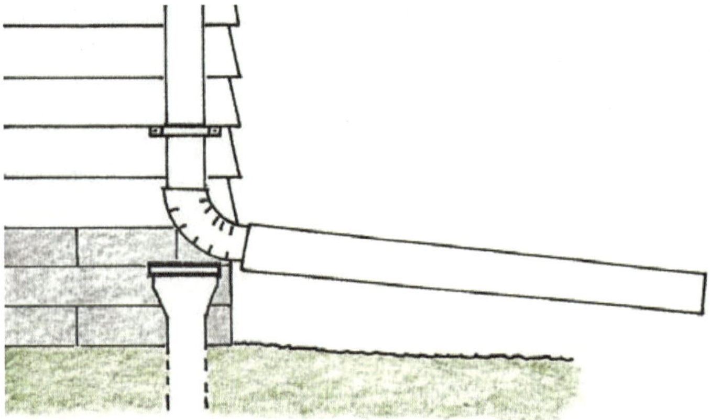

增加弯管或延长管导流雨水

2.6 设置防冲刷设施

通过卵石、穿孔管道、水簸箕来减缓水流，并将径流散布到绿化、雨水花园或通过植草沟、卵石沟进行导流。

可用一根 20 cm 长的 PVC 管进一步将雨水导流到远离建筑边角的区域，或者与转输型海绵设施相衔接。

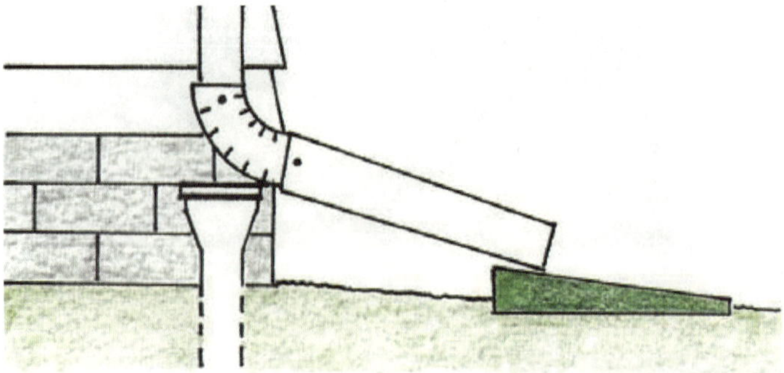

增加水簸箕、卵石等防冲刷措施

2.7　各种形式的雨落水管断接

雨水管断接 + 长距离导流槽

断接后接常规水簸箕

断接后接小型台阶

雨水管断接进入建筑排水沟

断接后接碎石、植物

雨落管转向后断接

断接后采用导流槽缓解高差

建筑内排水断接

趣味型雨落管

雨链（雨水链）

3 开口侧石、导流槽

3.1 简介

路缘石开口是将路面雨水径流引入绿化隔离带、周边绿化进行净化和调蓄的一种方式。路缘石开口广泛应用于海绵型道路排水系统中，路缘石开口方式及其相应设计参数是否合理，直接影响整个道路雨水系统，对路面是否积水、雨水能否得到有效净化和调蓄有重要影响。

常见的路缘石开口形式分为两种，分别为直接开口和改造开口。

直接开口是指通过将路缘石直接截断的方式对路面雨水进行导流，开口形式一般为梯形、矩形和齿形等。直接开口的施工工艺相对简单，过流断面较大，有利于雨水排放，但景观效果较差，对行车安全有一定影响。

改造开口是指在不截断侧石的前提下对路缘石进行改造，通过横向或竖向开槽的方式导流路面雨水径流。改造开口的施工工艺相对复杂，过流断面相对较小，容易被路面垃圾阻塞，但景观效果较好，且对行车安全没有影响。

因此，直接开口形式适用于对道路景观及行车安全要求较低的道路，改造开口适用于对道路景观要求较高的道路，路缘石开口宽度以及间距应满足设计要求。

3.2　施工工序

路缘石开口根据路缘石建设的形式不同分为不同的工序，路缘石开口按照建设形式可分为成品开口侧石、侧石原位开口、原侧石拆卸加工开口、一次成型侧石开口等形式。

本指南仅对常用成品开口路缘石施工工序和要求进行简要介绍。

其余形式的侧石开口按照常规施工工艺，结合本篇 3.3~3.8 节的样式、注意事项进行建设。

成品开口侧石

侧石原位开口

原侧石拆卸加工开口

一次成型侧石开口

3.2.1　准备工作

路缘石开口的工作准备，包括有序组织劳动力，安排材料、机械设备的及时进场等，所需的材料、设备、机械如下表所示。

侧石开口改造设备材料一览表

类型	设备和材料
成品开口侧石	成品开口侧石、刨槽机、水泥砂浆、混凝土、放线器
侧石原位开口	标识笔、切割机、切割刀盘、打磨机
原侧石拆卸加工开口	路牙石夹具吊钳、切割机、切割刀盘、打磨机、混凝土
一次成型侧石开口	混凝土、一次成型滑模机、砂纸、开孔模板

3.2.2 常规流程简介

1. 侧石施工工艺流程：

施工放样→刨槽→铺垫层→安装→现浇侧石靠背。

2. 基本要求：

（1）侧石的选择

侧石的品种、规格应符合设计要求，技术等级、光泽度、外观质量应符合规范要求。

侧石高度应保证稳固。所有侧石内侧倒角，倒角大小应一致。所有侧石颜色应一致，平整光滑。破损、变形、尺寸不合格的侧石不得使用。

（2）侧石的安装

侧石的安装必须稳固、顺直、无折角，顶面应平整无错牙，侧石勾缝应严密。

侧石背后回填必须密实，但不应裸露过多的支护，且由于海绵城市要求绿化下沉，在不影响结构安全的基础上应当减少裸露的尺寸。施工时侧石必须湿润，裸露出的支护应当规则、顺直、美观，基层座浆必须饱满，抹缝严密。侧石施工完成后应与平面线形协调一致，顺畅美观。

3. 测量放线

根据设计核对道路中心线无误后，放出路面边线，定出边桩及高程，直线部位设 10 m 桩，曲线部位边桩应加密，打 5 m 桩进行控制，保证曲线圆弧尺寸。

4. 刨槽

使用刨槽机刨槽，刀具宽度应较侧石宽出约 1~2 cm，深度应比设计加深 1~2 cm。刨槽结束后，对基层表面进行清理，清除表面的碎石、砂、土等杂物，使表面干净整洁，并在侧石安装之前对其洒水润湿。

侧石安装前放线

沿线刨槽

5. 铺垫层

先拌制 1∶3 水泥砂浆做垫层，铺于侧石底部，大约 2 cm 左右，快车道侧底部水泥砂浆铺筑厚度为 3 cm。

6. 安装

按桩橛线及侧石顶面标高拉线绷紧码砌侧石，可用橡胶锤调整位置、紧实度。曲线处应注意侧石外形圆滑，侧石要安正，忌前倾后仰。成品侧石顶角线圆滑平顺，无凹进凸出、高低错牙现象，符合标准要求。侧石要埋入路面结构一定深度，以确保侧石的稳定性。

局部开口的侧石应注意其安装的位置是否位于道路铺设面层的最低点，下雨时路面不得存在积水区域。此外，开口侧石的安装，应注重侧石开口与道路路面的关系，开口底部不得高于道路路面，便于雨水导流。

7. 回填支护

侧石外侧应同时分层回填夯实，回填过程中要不断调整侧石线，使之顺直平滑。侧石外侧根据设计要求或者相关规范要求增加水泥混凝土靠背（即在侧石后直接使用C15混凝土，现场浇筑振实成后戗）的，混凝土靠背裸露部分应尽量缩小宽度且平顺美观，也可利用不锈钢板等支撑材料作为靠背。

水泥砂浆垫层

侧石安装

裸露靠背应平顺美观

钢板靠背

3.3 标准式侧石开口

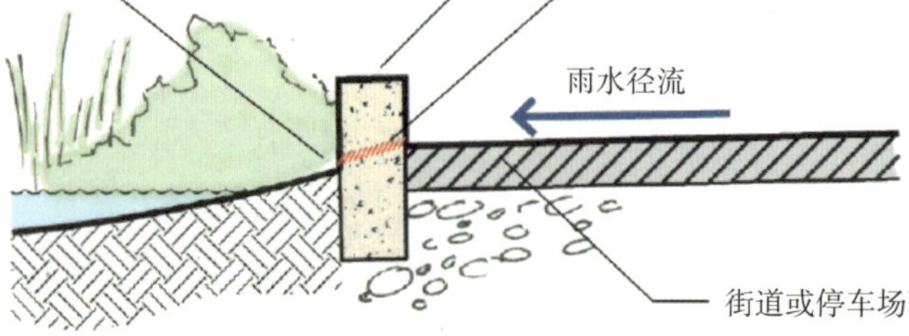

标准路缘石开口断面示意图

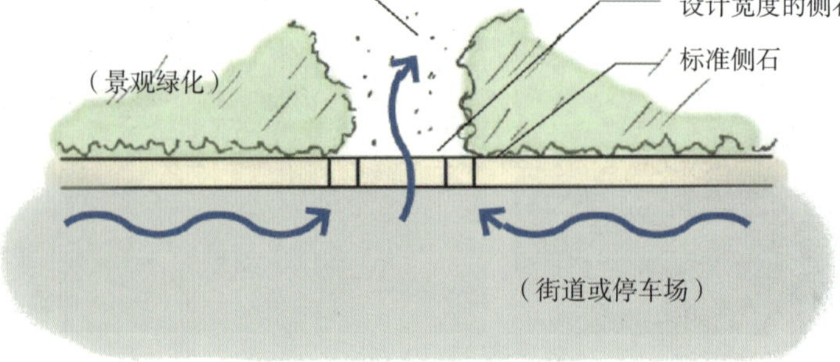

标准路缘石开口平面示意图

注意事项：

① 路缘石开口应在街道或停车场对应汇水片区的最低点；

② 路缘石在纵坡较大的区域，应根据实际情况加密布置；

③ 路缘石开口可采用垂直式或者 45° 等方式；

④ 路缘石混凝土支护应位于绿化内并进行覆盖，尽量不裸露，裸露处应规则状处理；

⑤ 路缘石内外部（场地与绿化）应具备一定高差，至少 5 cm，但不宜大于 20 cm；

⑥ 放置卵石以防止冲刷，注重景观，稳定进水边缘。

标准的路缘开口（垂直式）（直角）

标准的路缘开口（45° 倒角）

3.4　簸箕式侧石开口

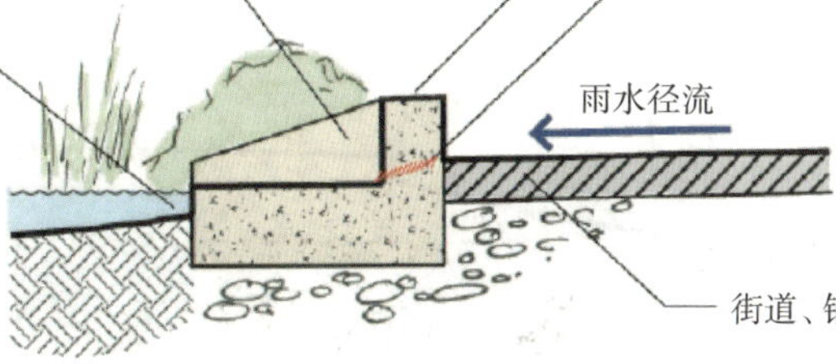

簸箕式标准侧石开口截面示意图

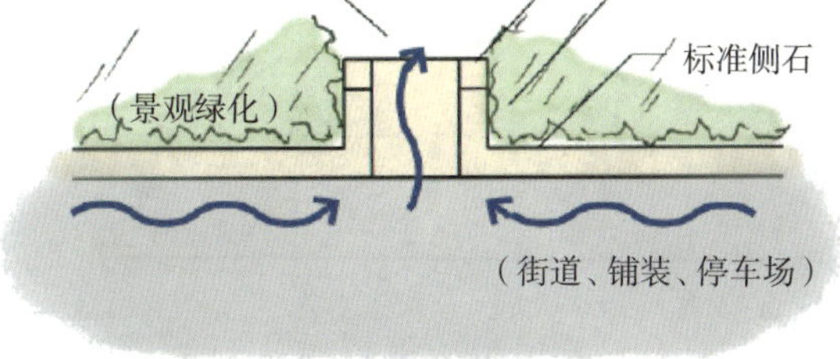

簸箕式标准侧石开口平面示意图

注意事项：

① 基本要求同标准式侧石开口；

② 水簸箕进入雨水设施的长度应按照设计进行砌筑，如尺寸不协调时应及时联系设计单位修改后再进行施工；

③ 在水簸箕的尾部及设施入口放置卵石以防止冲刷，注重景观效果；

④ 水簸箕采用的侧石应与开口侧石紧密贴合。

3.5 不设侧石或仅设路平石

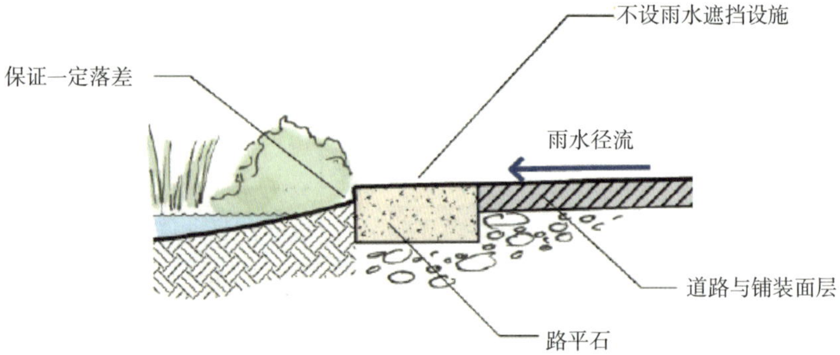

路平石与海绵设施衔接断面示意图

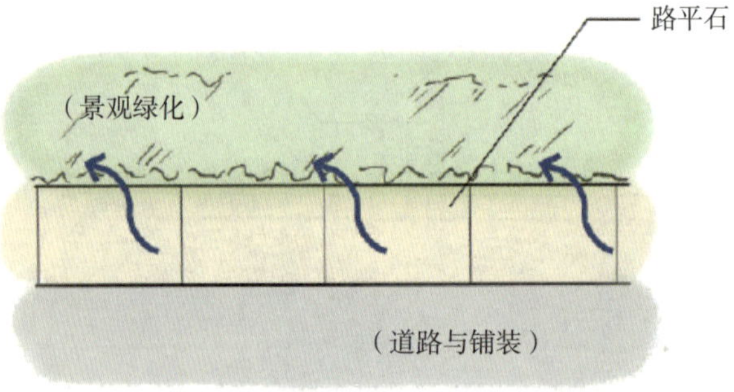

路平石与海绵设施衔接平面示意图

注意事项：

① 可使雨水径流均匀地沿街道或停车场边缘进入雨水设施；

② 需要将坡度向雨水设施倾斜；

③ 路缘石内外部（场地与绿化）应具备一定高差，至少 3 cm；

④ 不需要砾石来消减径流冲击。

不设侧石（不锈钢收边）

仅设路平石

3.6　轮挡与海绵设施的衔接

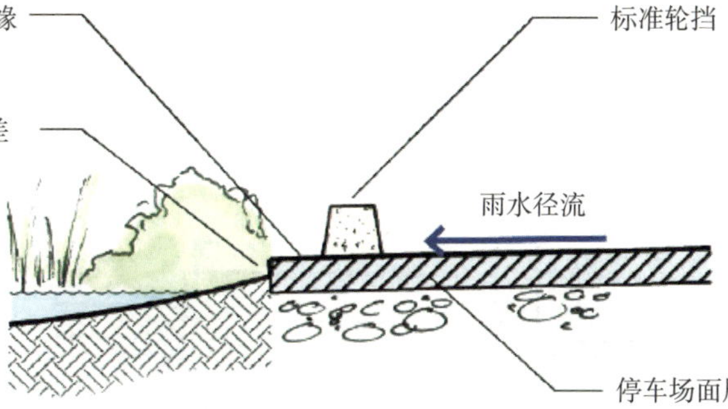

轮挡与海绵设施结合剖面示意图

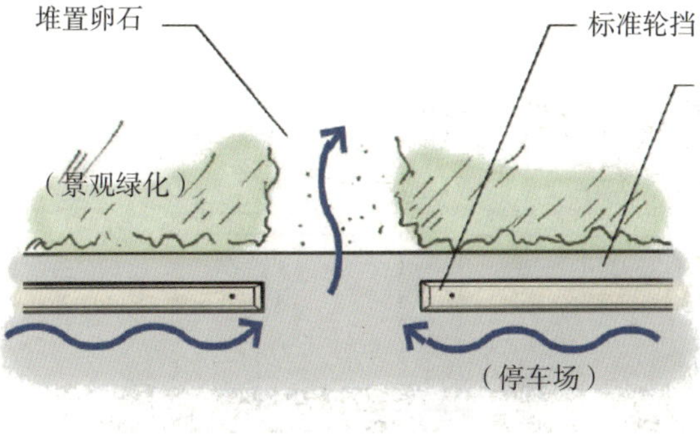

轮挡与海绵设施结合平面示意图

注意事项：

① 止轮装置应使水能够通过频繁间隔的开口流动；

② 轮挡在停车场应用中是最常见的，但它们也可以应用于特定的街道条件；

③ 轮挡与绿化需要至少 20 cm 的边缘空间；

④ 路缘石内外部（场地与绿化）应具备一定高差，至少 3 cm。

3.7 人行道开槽

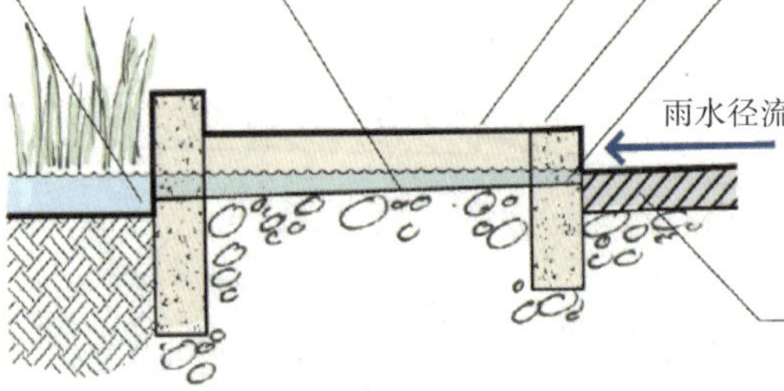

路缘石开槽导流剖面示意图

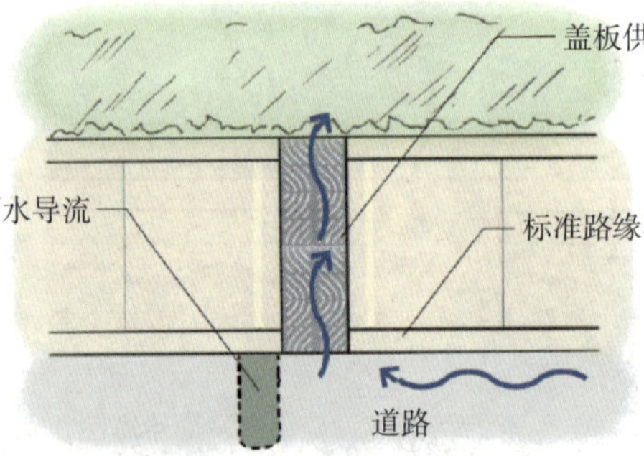

路缘石开槽导流平面示意图

注意事项：

① 人行道开槽应保证长期稳固，具有足够的抗滑性，盖板的使用应便于观察清通；

② 在坡度较大时可以采用 2~3 cm 高的沥青或混凝土护堤，应设置在下游一侧，以帮助导流。

3.8 成品开槽路缘石

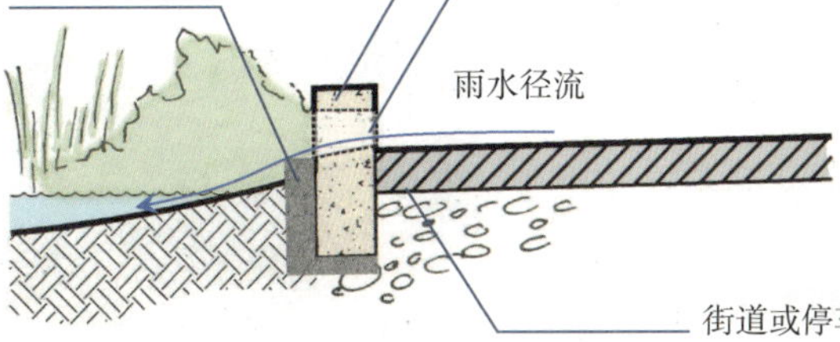

成品开口路缘石导流剖面示意图

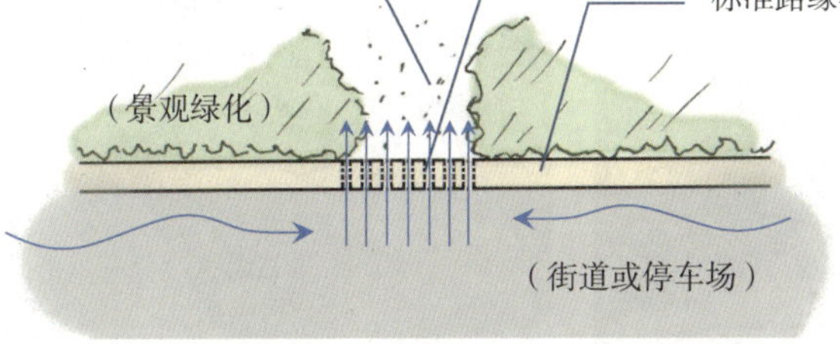

成品开口路缘石导流平面示意图

注意事项：

① 基本要求同标准式侧石开口；

② 成品路缘石的材质、色泽应尽量与周边标准路缘石保持一致；

③ 路缘石混凝土支护应位于绿化内并进行覆盖，尽量不裸露，裸露处应规则状处理；

④ 成品开口路缘石形式较多，应该根据其导流特性、截污特性以及周边污染物状况设置后置的防冲刷和拦截污染物的设施。

不同形式的成品开口路缘石

3.9 常见开口开槽形式

注：铆钉固定不锈钢板，加强结构稳定性，增加整体美观性。

注：花岗岩侧石倒角开口，绿化隔离带整体开槽导流。

注：结合雨水篦子，小型沉泥槽，去除雨水中树叶和泥沙。

注：成品排水孔路缘石。

注：车挡与侧石开口的结合，增加防冲刷卵石。

注：水簸箕型侧石开孔。

注：车行道侧向砌筑块石，既保证安全性，又留有雨水通道。

注：花岗岩侧石开口加金属格栅。

注：侧石开口与广场铺装排水沟（盖板沟、线性排水沟等）的结合。

注：侧石开口与人行道开槽（上覆雨水格栅盖板）结合。

注：人行道开槽，上部铺装为原有铺装形式，开槽两侧应该留有结构伸缩缝。

注：成品人行道过水槽，上部铺装为原有铺装形式，导流断面应符合过流要求。

4 前置截留设施

4.1 简介

雨水径流污染属于非点源污染，具有突发性和非连续性。降雨径流的污染过程是将空气和地面中的污染物冲刷、溶解并传输到水体；雨水径流中除了含有溶解性的污染物外，还经常挟带着大量泥沙、树叶等悬浮物，大量的悬浮物一方面造成下游受纳水体的污染，另一方面悬浮物的沉积也会堵塞雨水排放系统，造成雨水收集排放系统不畅，缩短下游设施的使用寿命。

因此，在径流污染严重区域，如城市道路、农贸市场、工业厂房，在常规雨水口、生物滞留设施、下凹式绿地等雨水收集、处理、排放系统前，应增加悬浮物截留、沉淀措施。

常用的前置截留设施包括雨落水管截留设施、雨水口截留设施以及侧石开口初期截留沉淀设施。截留设施大多小型化、产品化，因此本指南主要对其作用和形式进行介绍，具体选择采用以实际情况为准。

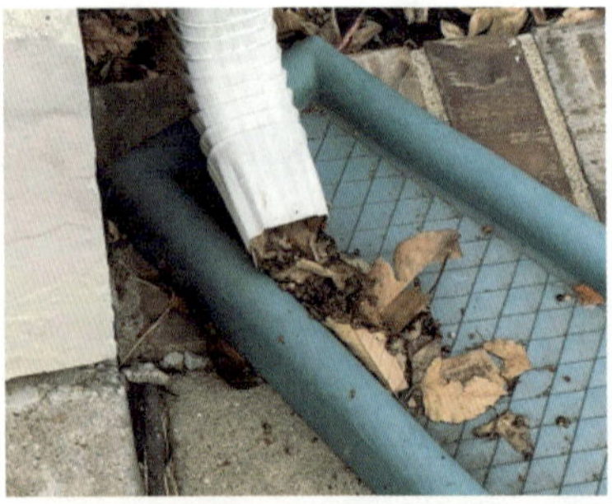

雨落水管里的树叶残渣

绿色海绵技术措施内的沉积物

檐沟沉积物堵塞雨落管

雨水口堵塞与沉积

4.2　雨落水管系统截留设施

檐沟外排水是指由檐沟和水落管组成的设施。对一般的居住建筑、屋面面积较小的公共建筑及单跨的工业建筑，雨水多采用屋面檐沟汇集，然后流入隔一定距离沿外墙设置的雨落水管排至地面或明沟内。

4.2.1　檐沟截留设施

单层、多层建筑多采用檐沟排水方式，但由于建筑屋面高度与乔木之间距离较近，树木的枝叶容易掉落到建筑屋面，随雨水冲刷至檐沟内，造成檐沟下泄排水堵塞，如本篇 4.1 节所述。

因此在老旧小区雨落水管改造时，可对檐沟一并清理改造，通过在雨落管顶端加设类似通气帽的防堵套环，避免树叶等大型悬浮物掉入雨落管中，形式如下图所示。

屋面排水檐沟落叶等杂物截留设施

4.2.2 雨落水管截留设施

建筑雨落水管在接雨水罐、雨水花箱、蓄水模块时，可在雨落水管上加设树叶截留设施，防止树叶等大型悬浮物堵塞后续的雨水收集系统，加设的截留设施应经常进行清理。

雨落管落叶等杂物截留设施

4.3　截污挂篮

截污挂篮是指在雨水处理过程中，为了阻截体积较大的垃圾而采用的设施，挂篮就是一个过滤网或者格栅，是对垃圾进行拦截，同时储存垃圾的容器。一般主要应用于雨水收集系统的前段，起到初期过滤的效果，从而使后期的水处理和收集过程变得更加简单有效。

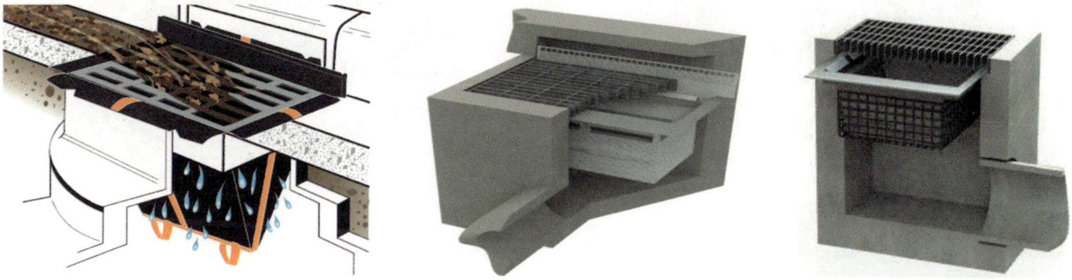

截污挂篮示意图（袋式、网格式）

截污挂篮的形式多样，按材质可分为过滤无纺布袋式截污挂篮、塑料板框式截污挂篮、不锈钢截污挂篮，按照设备截留的形式可以分为全罩式、周罩式、偏罩式。

袋式截污挂篮

全罩式截污挂篮

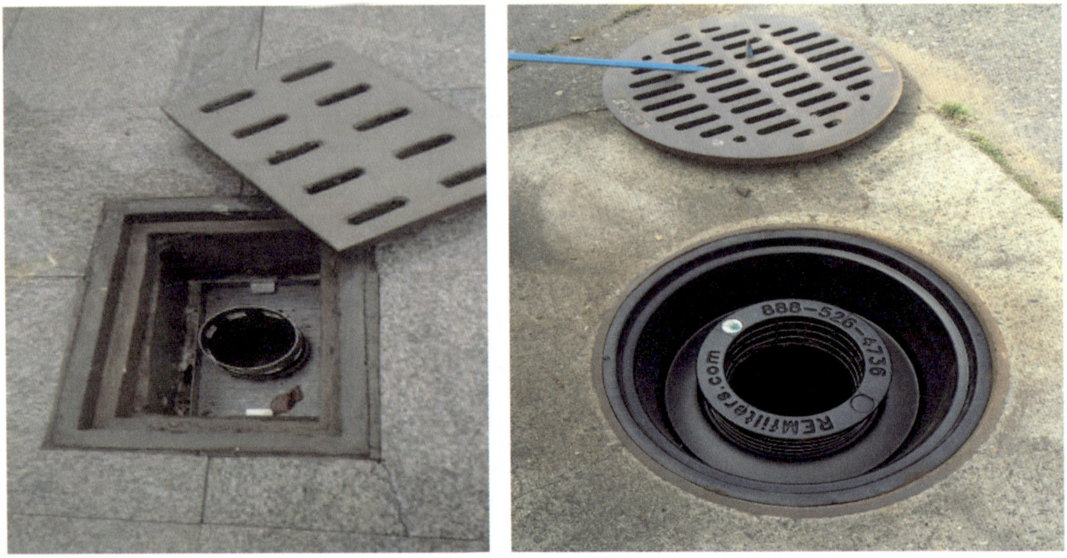

周罩式截污挂篮

偏罩式截污挂篮

4.4 海绵设施前置预处理设施

生物滞留池、下凹式绿地、植草沟等海绵技术措施虽然具备净化雨水径流的功能，但在收集、处理含泥量大、含杂质多、含油等污染过于严重的雨水径流时，往往容易产生淤积、堵塞现象，导致设计功能被破坏，植物成活率低，使用寿命缩短等情况，如右图所示。

生物滞留设施内进入大量污染物

因此在径流污染严重的区域，应当设置初期雨水预处理设施，雨水通过沉淀、过滤等作用，得到初步净化后进入海绵技术设施。

预处理设施多设置于海绵技术设施的进口处，可与侧石开口相结合，如下图所示。

海绵设施前置预处理设施示意图

预处理设施形式多样，可以结合雨水篦子、小型沉淀池、溢流堰、卵石堆铺等设施，达到初期雨水净化、消能的作用。

海绵设施前置预处理设施常用形式

5 施工临时保护措施

5.1 简介

城市建设过程中，施工期间的雨污水直接排入雨水管道，会导致雨水口、雨水管线被污染和侵蚀，破坏雨水管线的使用功能，且会给下游的水体造成严重的污染。

海绵城市技术措施，如生物滞留池、下凹式绿地、植草沟等，在施工时由于施工工序的先后，极易出现施工过程产生的泥沙、油漆、切割残渣等废弃物随雨水径流进入设施内的情况。

为了解决施工过程中的污染问题，应该对已经完成的雨水口、雨水管道、海绵技术措施进行保护。

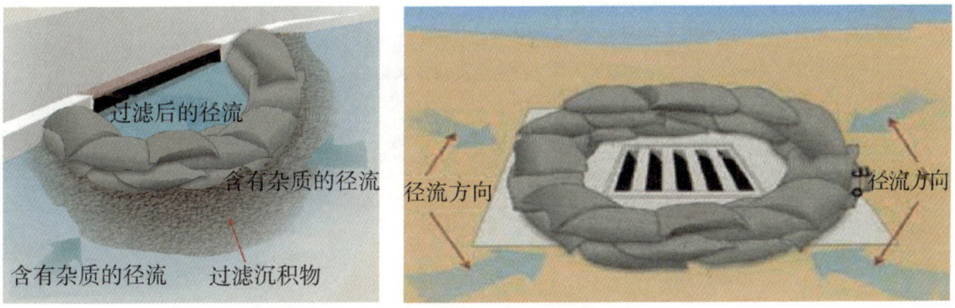

雨水口施工期间的保护

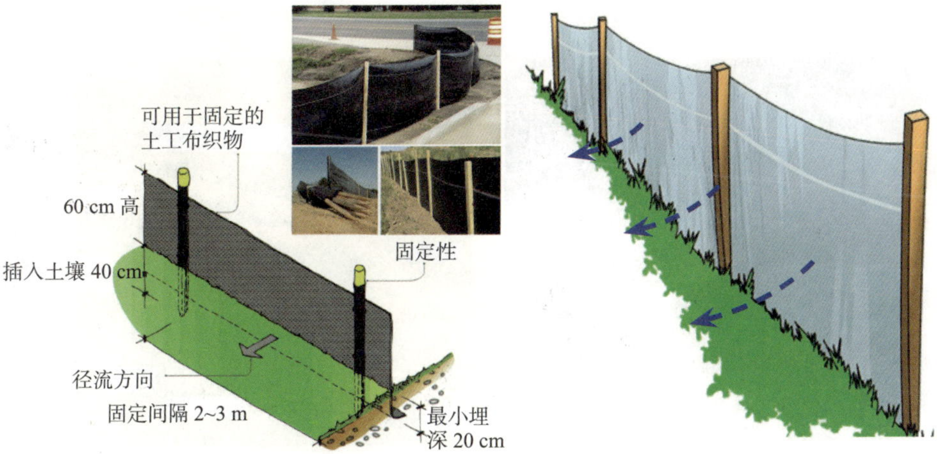

海绵技术措施施工期间的保护

5.2 常规雨水口的施工期保护

常规雨水口在施工期间往往不注重防止污染物的进入，导致排放系统建设完成后出现堵塞、污染等情况。在施工期间应设置防止污染物进入的措施，应当考虑尽可能地拦截雨水径流中的泥沙、树叶等大型固体悬浮物，此外还应考虑尽量拦截施工过程产生的油漆、涂料等物质，可以通过地面径流截留、内部径流过滤做到双重的保护，以保证雨水口和雨水管道内清洁，具体如下图所示。

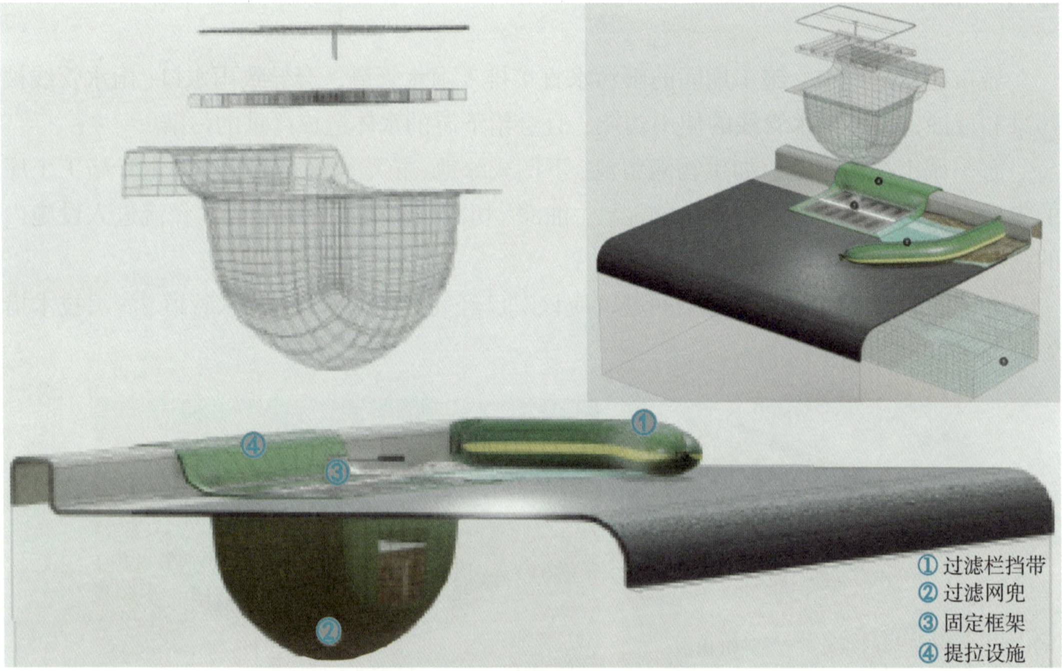

雨水口施工期间标准拦挡方式示意图

施工期间径流污染拦挡效果

常规雨水口临时保护措施主要分为三个组成部分：

（1）过滤拦挡条袋

拦挡条袋形成类似水坝的结构，减慢了地表径流的速度，使污染物被过滤沉积。

过滤拦挡袋

外部材料建议使用耐用的聚丙烯编织物、天然麻织物、无纺布等非防水材料，能够截留淤泥和黏土，同时保证径流通过，直径至少在 20 cm 以上。

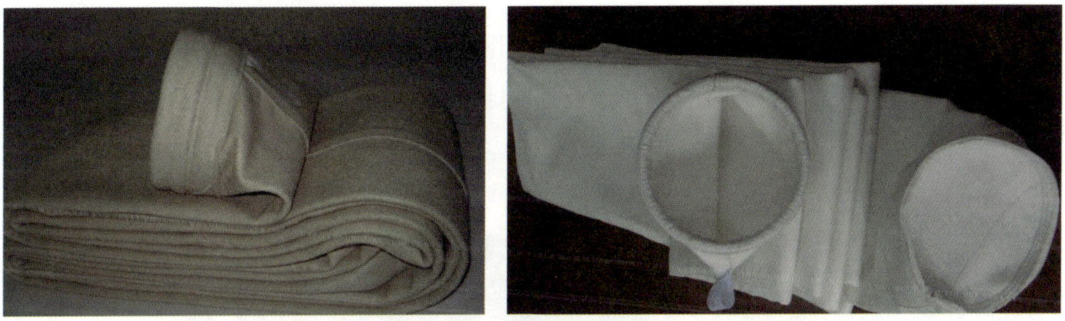

过滤拦挡袋外部材质

内部灌填料可使用木屑、树皮、陶粒等轻质保水的材料，同时也可采用砂石灌填，但应避免重量过大而无法抬起，同时在条件允许的情况下可采用遇水膨胀的高分子吸水性树脂材料。

灌注轻质材料

灌注砂石材料

灌注高分子吸水材料

应当尽量采用进水方向全围挡的形式，当材料长度不足、径流量较小或者仅一侧径流污染严重时，可仅朝向污染严重的径流方向半边布置。

全围挡形式

半围挡形式

当施工现场有砂石料堆放场地时，应该采用防水布进行遮挡，边角应采用过滤拦挡袋进行固定。当雨水径流量大，且污染严重时，可以布置多个过滤拦挡条袋，以保证雨水口、雨水管道不被污染。

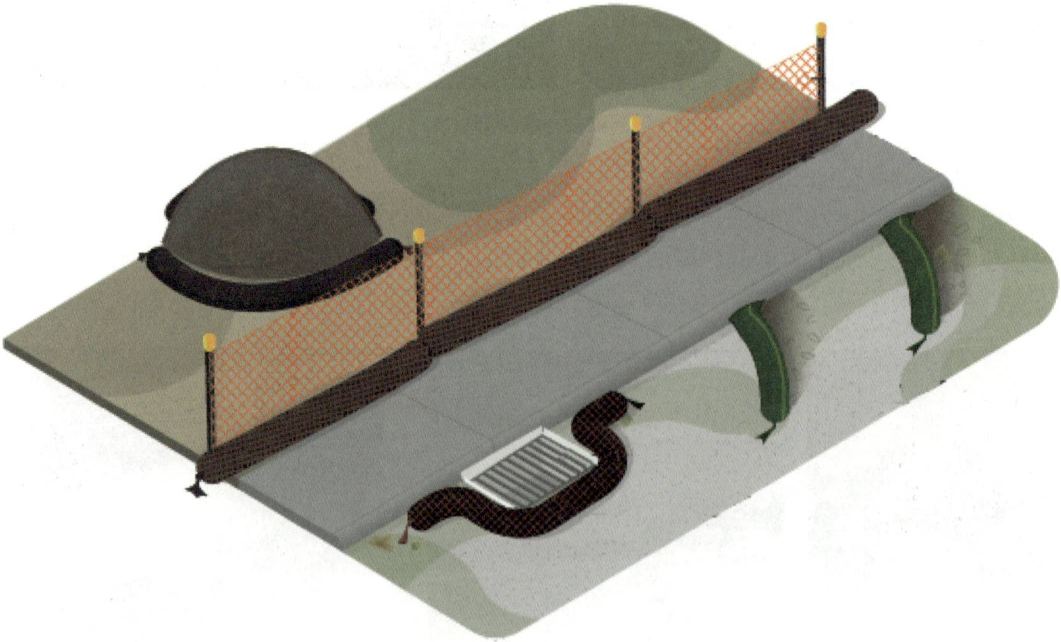

多重复合施工期间径流控制雨水口保护措施

（2）滤袋

由两种编织物粘贴而成，外部编织物孔径较大，用于拦挡树叶，且与雨水篦子连接固定，内部编织物孔径较细小，能够沉积过滤淤泥，与两种孔径编织物贴合的上边线应与雨水篦子留有充足的高度空间，允许大雨期间水自由流动。

滤袋清除垃圾后可以重复使用，滤袋内清理出的垃圾应分类丢弃，不得直接排入下水道。

外部孔径较大的滤网

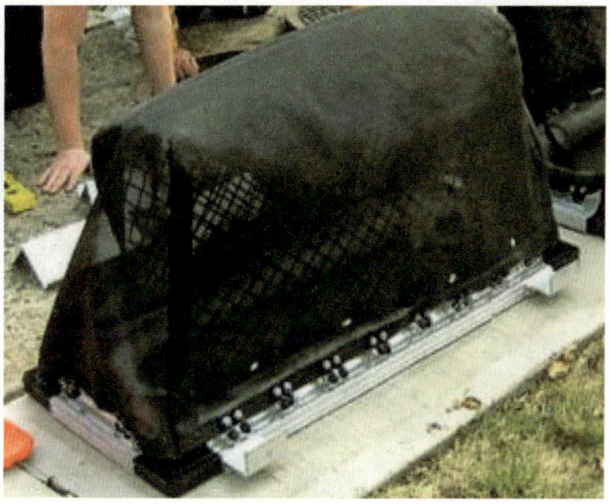

内部孔径较小的滤网

（3）雨水口（开口）滤袋固定

滤袋位于雨水篦子下方，并用钢制框架牢固地固定，钢制框架通过固定架与雨水篦子固定，防止雨水径流将网兜冲垮，网兜在大雨后应及时检查，以保证其过流能力。

板框固定

链条固定

5.3 海绵设施的施工期保护

海绵设施进水口往往是侧石开口或者无组织进入的。集中进水的可以采用常规雨水口的施工期保护措施，详见本篇 5.2 节，对于分散进水的，如植草沟、下凹式绿地，可以采用长条形过滤套筒或者带状的淤泥栅栏进行设施的保护。

5.3.1 集中进水口

对于采用侧石开口的海绵技术措施或者集中进水的植草沟、卵石沟等技术措施，可以采用前端截留和开口处截留两种形式，以保证海绵设施不被施工过程中的泥沙、油漆等杂质污染。

开口前端拦截污染物

开口处拦截污染物

除此以外还应该对海绵城市所采用的砂浆、换填土、砂石等建筑材料进行覆盖防冲刷处理；另外，对于雨季开挖的坑塘应进行边坡的支护，防止雨水冲刷造成边坡垮塌。开挖出的土方应该尽量远离设施堆放，防止土方在雨水冲刷下坍塌至设施内，造成结构破坏。

建筑材料覆盖

边坡临时支护

5.3.2 分散进水口

对于分散式进水的形式，可以采用过滤拦挡条袋和淤泥栅栏两种形式进行整体的拦挡，两种形式各有优缺点。

（1）过滤拦挡条袋

过滤拦挡条袋在海绵技术措施中的运用类似于本篇的5.2节，仅长度和直径有所区别；其具有无须挖沟或回填、安装简单可靠、能够承受风和紫外线、可以应对卡车和重型设备、易于清理、可以反复使用的优点，但在暴雨情况下拦挡效果一般。

过滤拦挡条袋在海绵技术措施中的使用

（2）淤泥栅栏

淤泥栅栏需要挖沟和回填，安装相对复杂，易损坏，不易于清理，难以反复使用，但总体拦挡效果较好。

淤泥栅栏在海绵技术措施中的使用

第四篇
地埋装配式雨水收集回用系统

1 本篇总则

1.0.1 为全面贯彻落实国家关于节水管理、海绵城市建设的相关要求，指导和规范江苏省地埋装配式雨水收集回用系统的施工，提升施工质量，特编制本篇内容。

1.0.2 本篇内容适用于江苏省内新建、改建和扩建的民用建筑与小区地埋装配式雨水收集回用系统的施工与验收。

1.0.3 地埋装配式雨水收集回用系统应由具有相应设计资质的单位进行设计，并对蓄水池基坑开挖形式、基础地质承载力、蓄水池结构承载力、蓄水池结构抗侧压能力和抗浮能力进行验算。

1.0.4 地埋装配式雨水收集回用系统应与建筑、园林景观、管线综合等密切配合，并应符合海绵城市规划等相关要求。

1.0.5 机动车道、货物堆场、消防通道、停车场等荷载较重的场地下面不得选择塑料结构蓄水池，应选择结构稳定的混凝土或钢结构蓄水池。

1.0.6 地埋装配式雨水收集回用系统建成后，应制订相应的后期运维手册，推动社会节约水资源，提高用水效率，保护和改善生态环境。

1.0.7 地埋装配式雨水收集回用系统的施工，除符合本指南外，还应符合国家、行业及江苏省的相关标准规定。

2 相关术语

2.0.1 地埋装配式雨水收集回用系统

利用收集的雨水作为水源，经适当处理并达到一定的水质标准后，通过管道输送或现场使用方式予以利用的系统。由雨水收集设施、雨水处理设施、雨水回用设施组成，其中雨水收集设施中的蓄水池由预制构件或模块装配形成并埋设在地下。

2.0.2 装配式钢结构蓄水池

由预制波纹钢拱形薄板，经焊接防腐处理，现场栓接装配形成的雨水储存设施。

2.0.3 装配式塑料结构蓄水池

由若干个以塑料为主要原料注塑成型的镂空结构蓄水模块，经拼装组合，四周再以防渗膜包裹密封形成的雨水储存设施。

2.0.4 装配式混凝土结构蓄水池

由预制钢筋混凝土构件装配形成的雨水储存设施。

2.0.5 装配式高密度聚乙烯蓄水管笼

由高密度聚乙烯管、雨水滤网、雨水收集器、雨水排水器、雨水管道等构件及附属配件装配形成的雨水储存设施。

3 施工准备

3.1 基本规定

3.1.1 施工单位和施工人员应具有相应的施工资质和资格。施工项目质量控制文件应包括相应的施工技术标准、质量管理体系、质量控制和检验制度。

3.1.2 施工单位必须取得安全生产许可证，并应遵守有关施工安全、劳动保护的法律、法规，建立安全管理体系和安全生产责任制，确保安全施工。

3.1.3 施工前应熟悉和审查施工图纸，掌握设计意图与要点，实行自审、会审，对施工图有疑问或发现差错时，应及时提出意见和建议。需变更设计时，应按照相应程序报审，经相关单位签字认定后再实施。

3.1.4 施工前应根据工程需要进行以下调查研究：

（1）现场地形、地貌、构筑物、各种管线、其他设施及障碍物情况；

（2）工程地质和水文资料；

（3）工程用地功能及其周边环境条件；

（4）施工供水、排水、供电等条件；

（5）工程材料、施工机械、主要设备、施工人员情况；

（6）与施工有关的其他情况和资料。

3.1.5 开工前应编制施工组织设计，基坑开挖与支护、蓄水池安装等关键分部、分项工程应分别编制专项施工方案。施工组织设计和专项施工方案必须按规定程序审批后执行。施工组织设计应包括保证工程质量、安全、工期以及保护环境、降低成本的措施。并应根据施工特点，采取以下措施：

（1）防止地表水流进基坑和地下水排水中断的措施；

（2）必要时应做好蓄水池抗浮的应急措施；

（3）特殊气候条件下的相应施工措施；

（4）必要时应做好基坑施工降排水影响范围内的原有建筑物的防护措施。

3.1.6 地埋装配式雨水收集回用系统施工时，应按先地下后地上、先深后浅的顺序施工，并宜在枯水期施工。

3.1.7 工程所用主要材料、半成品、构（配）件、设备等产品，进入施工现场时必须进行进场验收。进场验收时应检查每批产品的质量合格证书、性能检验报告、使用说明书、进口产品的商检报告及证件等，并按国家有关标准规定进行复验，验收合格后方可使用。

3.1.8 工程施工质量控制应符合下列规定：

（1）各分项工程应按照施工技术标准进行质量控制，分项工程完成后，应进行检验；

（2）各相关分项工程之间，应进行交接检验，所有隐蔽分项工程应进行隐蔽验收，未经检验或验收不合格不得进行下一道分项工程施工；

（3）设备安装前应对有关的设备基础、预埋件、预留孔的位置、高程、尺寸进行复核。

3.2 施工总体工序

施工总体工序流程图

3.3 施工放样

3.3.1 施工前，建设单位应向施工单位提供施工影响范围内的地下管线、建筑物及其他公共设施资料。

3.3.2 施工单位应结合建设单位提供的资料对建设场地进行全面调查和客观评价，并对可能产生影响的地下管线、周边建筑物等设施采取措施加以避让和保护。

3.3.3 施工前，建设单位应组织有关单位进行现场交桩，施工单位应对交桩进行复核，并确认安全分流井底标高符合设计要求。

3.3.4 施工单位通过现场测量放线，确定基坑开挖边界线和控制线。蓄水池基坑顶边界线退让周边现有建筑距离应符合设计要求，设计无要求时，应保持 3 m 以上安全距离。

3.3.5 如放样过程中存在平面位置、竖向标高的改变，施工单位应及时向设计单位反馈，根据实际情况做出调整，并履行相应变更手续。

3.3.6 施工单位放样时应将拟建管线在地面标出并选择避让。如确实无法避让，应由建设单位组织管线施工单位根据现场实际情况，采取加固保护措施。

4 土石方与地基基础

4.1 施工降排水

4.1.1 应根据工程地质、水文地质勘测等相关资料，确定土层渗透条件，制订施工降排水方案。

4.1.2 对于土层渗透系数小、含水量低或地下水位低于基坑开挖面的基坑，可采用明排水；对于土层渗透系数大、含水量高或地下水位高于基坑开挖面的基坑，应采用管井或轻型井点降水。

4.1.3 基坑底部存在承压含水层，且经验算基底开挖面至承压含水层顶板之间的土体重力不足以平衡承压水水头压力，需要减压降水的基坑，或基坑位于承压含水层中，必须降低承压水水位的基坑，应采取降排水措施。

4.1.4 降水深度在基坑范围内不应小于基坑底面以下 500 mm，软土地层降水深度宜适当加大。

4.1.5 施工降排水，应符合相关排放标准。

4.1.6 必须采取有效的措施，控制施工降排水对周围构筑物和环境的不良影响。

4.2 基坑开挖与支护

4.2.1 基坑开挖应根据开挖深度、工程地质条件以及周边环境条件，选取合理支护方案。

4.2.2 基坑开挖前，应编制基坑开挖与支护施工方案，方案包括以下主要内容：

（1）基坑支护平面图、剖面图，施工场地材料进出、堆放、吊装平面布置图；

（2）支护结构施工工艺图、流程图；

（3）挖、运土石方的机械型号、数量；土石方开挖的施工方法；开挖机械、运输车辆的行驶线路；

（4）支护结构、周围环境的监控量测措施。

4.2.3 基坑的支护形式应经稳定性验算确定。土质条件良好、地下水位低于基坑底面高程、周围环境条件允许时，深度在 5 m 以内采取放坡开挖，边坡最陡坡度应符合下表规定：

深度在 5 m 以内的基坑边坡的最陡坡度一览表

序号	土的类别	边坡坡度（高：宽）		
		坡顶 无荷载	坡顶 有静载	坡顶 有动载
1	中密的砂土	1 : 1.00	1 : 1.25	1 : 1.50
2	中密的碎石类土 （充填物为砂土）	1 : 0.75	1 : 1.00	1 : 1.25
3	硬塑的粉土	1 : 0.67	1 : 0.75	1 : 1.00
4	中密的碎石类土 （充填物为黏性土）	1 : 0.50	1 : 0.67	1 : 0.75
5	硬塑的粉质黏土、黏土	1 : 0.33	1 : 0.50	1 : 0.67
6	老黄土	1 : 0.10	1 : 0.25	1 : 0.33
7	软土（经井点降水后）	1 : 1.25	–	–

4.2.4 土石方应随挖、随运，宜将适用于回填的土分类堆放备用。

基坑开挖及土石方清运

4.2.5 施工前应对挖、填方进行平衡计算，综合考虑土方运距最短、运程最合理方案，做好土方平衡调配，减少重复挖运。

4.2.6 基坑开挖的顺序、方法应符合设计要求，并应遵循对称平衡、分层分段、限时挖土、限时支撑的原则。

4.2.7 当基坑出现裂缝、沉降、失稳等征兆时，必须立即停止开挖，并进行加固、削坡等处理。

4.2.8 雨期施工，基坑放坡开挖时，其坡面应适度放缓，并应采取保护措施。

4.2.9 基坑施工中，应避免地基扰动或超挖，如有局部扰动或超挖，应全部清除扰动部位，采用卵石、碎石、级配砾石或低强度混凝土进行换填。

4.2.10 开挖深度大于 5 m，或地基为软弱土层，地下水渗透系数较大或受场地限制不能放坡开挖时，应采取支护措施。

4.2.11 设有支撑的基坑，开挖应遵循“开槽支撑、先撑后挖、分层开挖、严禁超挖”的原则，基坑边堆置土方不得超过设计的堆置高度。

4.2.12 基坑开挖与支护施工应对支护结构、周围环境进行观察和监测，出现异常情况应及时处理，恢复正常后方可继续施工。

4.2.13 软土地层或地下水位高、承压水水压大、易发生流砂、管涌地区的基坑，必须确保降排水系统有效运行；如发生涌水、流砂、管涌现象，必须立即停止开挖、立即回填，查明原因并妥善处理后方能继续开挖。

4.2.14 基坑验收合格后，应及时进行垫层浇筑，避免地基受浸泡或受冻。

4.2.15 基坑开挖与支护施工除符合设计要求外，还应符合《建筑地基基础工程施工质量验收标准》（GB 50202）、《建筑基坑支护技术规程》（JGJ 120）、《给水排水构筑物工程施工及验收规范》（GB 50141）中的相关规定。

4.3 地基基础

4.3.1 地基基础施工前应对基底标高、基坑几何尺寸及轴线位置、天然岩土地基及基础处理、降排水系统进行复验。

4.3.2 地基基础施工前应将表层的浮土清除，地层遇有局部软弱土层或孔穴，应挖除后用素土或灰土或碎石分层填实。

4.3.3 垫层混凝土浇筑前应进行地基验槽，并应清除表层浮土、垃圾和积水，验槽后应立即浇筑垫层。

4.3.4 垫层厚度应符合设计要求，设计无要求时，垫层厚度不应小于 100 mm。

4.3.5 垫层混凝土表面平整度应符合设计要求，设计无要求时，表面平整度应控制在 ±20 mm 范围内。面积较大垫层宜分区段进行浇筑。

4.3.6 垫层混凝土浇筑和振捣应满足均匀性和密实性的要求，浇筑完成后应采取养护措施。混凝土强度达到设计强度 70% 后，方可进行后续施工。

4.3.7 基础底板钢筋规格、型号、设置应符合设计要求，设计无要求时，基础底板的纵向钢筋宜选用 HRB335 或 HRB400 级钢筋。基础底板的钢筋间距宜为 200 mm，受力钢筋直径不宜小于 14 mm，采用双向钢筋网片配置在板的顶面和底面。

4.3.8 基础底板混凝土浇筑顺序为沿长边方向自一端向另一端浇筑，也可采取中间向两端或两端向中间浇筑的顺序。

4.3.9 基础底板混凝土浇筑应设置标高控制点，控制点间距不超过 2 m。表面平整度应符合设计要求，设计无要求时，表面平整度应控制在 ±20 mm 范围内。面积较大底板宜分区段进行浇筑。

4.3.10 基础底板混凝土浇筑和振捣应满足均匀性和密实性的要求，浇筑完成后应采取养护措施。混凝土强度达到设计强度 70% 后，方可进行后续施工。

垫层混凝土浇筑

4.3.11　地基基础施工除符合设计要求外，还应符合《建筑地基基础工程施工质量验收标准》（GB 50202）、《建筑地基基础工程施工规范》（GB 51004）、《给水排水构筑物工程施工及验收规范》（GB 50141）、《混凝土结构工程施工质量验收规范》（GB 50204）中的相关规定。

4.4　土方回填

4.4.1　回填前应清除基坑内的杂物、建筑垃圾，并将积水排除干净，严禁基坑有水时回填。

4.4.2　回填材料应符合设计要求，土方回填要事先落实好土源，开挖出来的原土计划用作回填土时，应覆盖防雨防尘网。回填不得采用杂填土，回填土中不应含有淤泥、腐殖土、有机物、砖、石、木头等杂物。

4.4.3　回填时应均匀回填、分层压实，并采用两组机械同时进行。先从蓄水池四角同步对称回填，再从蓄水池四周同步对称回填。严格按照对称、自下而上、分层的回填顺序进行，严禁单向推土回填，避免造成蓄水池位移、损坏。

4.4.4　蓄水池池底四周采用机械和人工配合回填，每层回填厚度及压实遍数，应根据土质情况及所用机械，经现场试验确定，层厚差不得超过 300 mm。

4.4.5　蓄水池周边沟槽及蓄水池顶部 600 mm 内密实度宜为 95%，蓄水池顶部 600 mm 以上密实度宜为 85%。蓄水池顶部回填超过 600 mm 后，可采用小型机械分层压实。

4.4.6　土方回填不宜在雨天进行。确需雨期回填时，应经常检验回填土的含水量，随填、随压，防止松土淋雨。

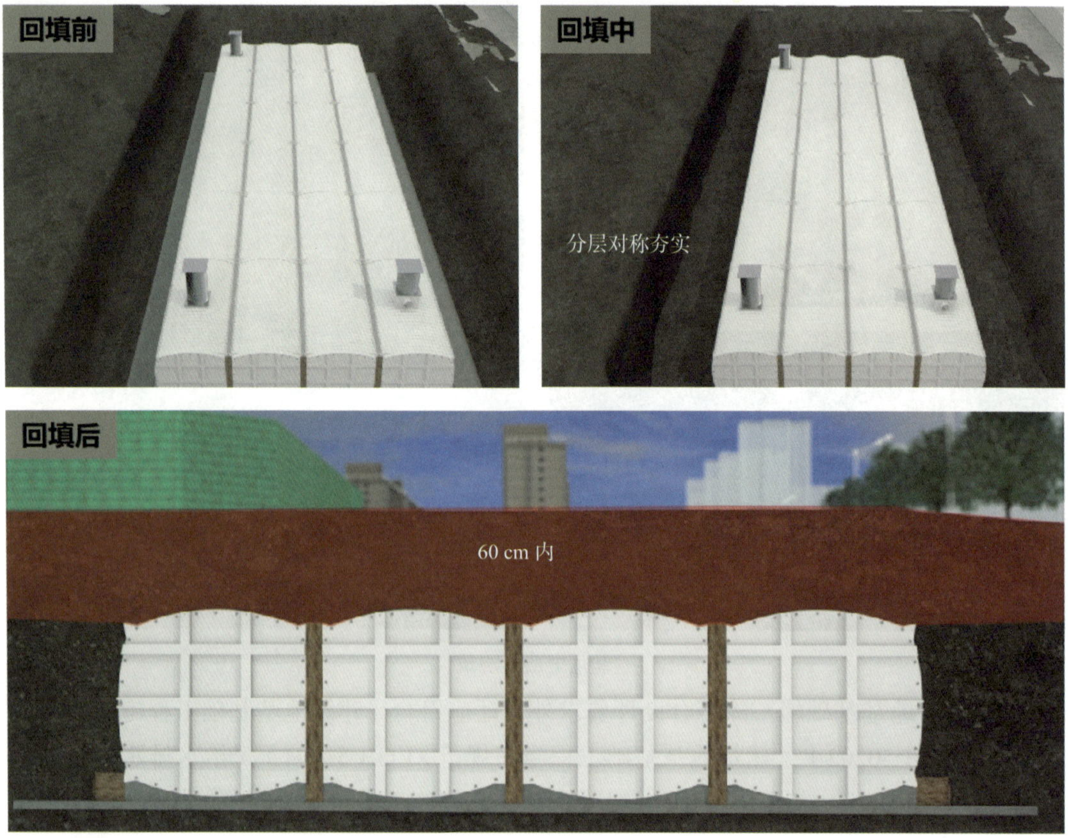

基坑分层回填

4.4.7 钢板桩支撑的基坑回填，支撑的拆除应自下而上逐层进行。基坑填土压实高度达到支撑的高度时，方可拆除该层支撑。拆除后的孔洞及拔出板桩后的孔洞宜用砂填实。

4.4.8 基坑回填后，必须保持原有的测量控制桩点和沉降观测点；并应继续进行观测直至确认沉降趋于稳定，四周建筑物安全为止。

4.4.9 基坑回填土表面应略高于地面，整平，并利于排水。

4.4.10 基坑回填时，大型机械不得驶入蓄水池顶部。如需驶入，应复核蓄水池结构承载能力，避免产生池体受损、坍塌。

4.4.11 施工过程中应做好蓄水池成品保护，避免挖土机等大型施工机械操作时碰撞蓄水池，造成池体损坏。

4.4.12 严禁蓄水池上方局部过高堆土，造成蓄水池受力不均，产生池体位移、变形。

4.4.13 在回填施工前，对蓄水池进出水管、检修井口、溢流口进行封堵，避免回填土掉落、堵塞，破坏蓄水池功能。

4.4.14 基坑回填应在蓄水池验收合格后及时进行。基坑回填除符合设计要求外，还应符合《建筑与小区雨水控制及利用工程技术规范》（GB 50400）、《给水排水构筑物工程施工及验收规范》（GB 50141）中的相关规定。

5 钢结构蓄水池施工

5.1 钢结构蓄水池施工工序

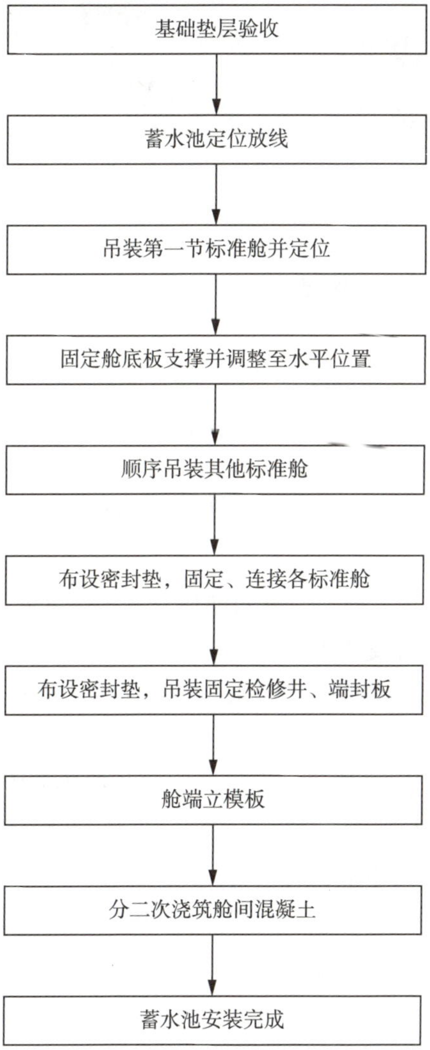

钢结构蓄水池施工工序图

装配式钢结构地下蓄水池

5.2 钢结构蓄水池施工要点

5.2.1 钢结构预制构件应按照安装部位、安装顺序、配套编码、种类型号分区就近堆放至基坑附近吊车可安全起吊的位置，构件的标识朝向外侧。钢结构预制构件的堆放场地应平整坚实，无积水，构件下应铺设垫木。

5.2.2 应按钢结构预制构件明细表，检查构件的数量、规格及外观，确认无误后进行单舱组装。

5.2.3 安装前应对垫层抄平放线，并对垫层混凝土强度和平整度进行验收。验收合格后按照蓄水池平面图在垫层混凝土上安装地脚螺栓并固定。

5.2.4 钢结构蓄水池吊装前应确定蓄水池吊点位置，并采用多吊点吊装。吊装时应做好防护措施，缓慢起吊、平移。

5.2.5 蓄水池舱间采用螺栓栓接。螺栓紧固应从连接面中间开始，对称向两边进行。螺栓紧固应使螺栓头和螺母与连接面紧贴。螺栓头和螺母分别放置垫圈，螺栓紧固后外露丝扣不少于 2 扣，且拧紧力矩应符合设计要求。

5.2.6 螺栓应能自由穿入螺栓孔，当不能自由穿入时，应用铰刀修正。修孔数量不应超过该节点螺栓数量的 5%，扩孔后的孔径不应超过 1.2 d（d 为螺栓直径）。扩孔后应对扩孔部位进行防腐处理，防腐质量应符合相关规定。

5.2.7 地面拼装的标准舱需对舱底板作临时固定，防止标准舱拼装过程中出现晃动。标准舱拼装完成后顺序吊装至基坑中设计位置，用地脚螺栓与蓄水池固定。

5.2.8 钢构件连接面应布设防水密封垫。密封垫布设应连续、紧贴。舱端连接面应连

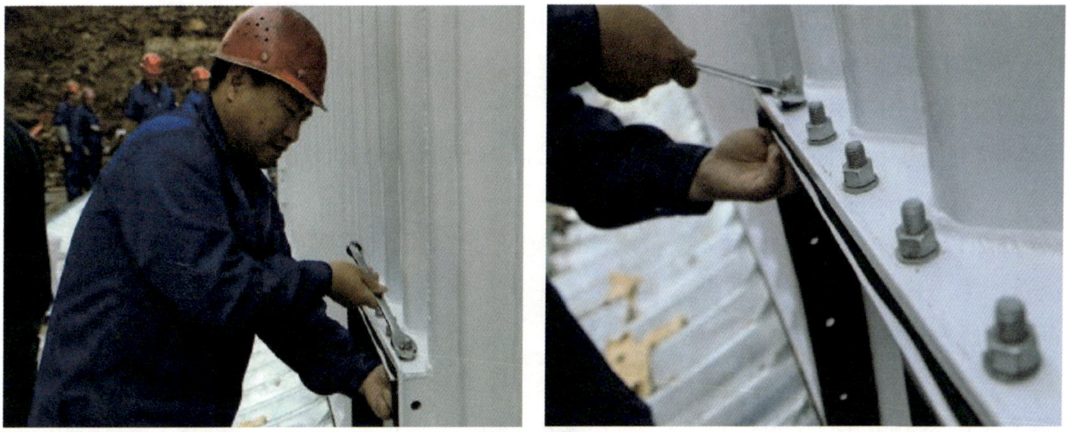

螺栓紧固

续布设环形密封垫，如需搭接，密封垫搭接长度不得小于 50 mm，密封垫搭接部位、钢构件焊缝部位应打胶密封，打胶应均匀、饱满，充填密实。

舱板连接面布设防水密封垫

5.2.9 对蓄水池所有固定螺栓采用锤击检查螺栓紧固质量。螺栓紧固应牢固、可靠。

5.2.10 对螺栓进行最小拉力载荷试验，试验结果应符合《紧固件机械性能螺栓、螺钉和螺柱》(GB/T 3098.1) 的规定。

5.2.11 螺栓紧固质量检查合格后在连接面内、外分别施打密封胶。密封胶应连贯、均匀。

5.2.12 舱体安装完成后，在蓄水池底板四周及舱间浇筑轻质混凝土。混凝土分两次浇筑，第一次混凝土浇筑至蓄水池底板水平面，混凝土初凝后进行第二次混凝土浇筑，混凝土浇筑应振捣密实。

舱间空隙

舱间浇筑混凝土

5.2.13 蓄水池施工完毕后必须进行满水试验。满水试验应符合本篇 10.2 节内容要求。

5.2.14 钢结构蓄水池施工除符合设计要求外，还应符合《钢结构工程施工规范》(GB 50755)、《钢结构工程施工质量验收规范》(GB 50205)、《给水排水构筑物工程施工及验收规范》(GB 50141) 中的相关规定。

6 塑料结构蓄水池施工

6.1 塑料结构蓄水池施工工序

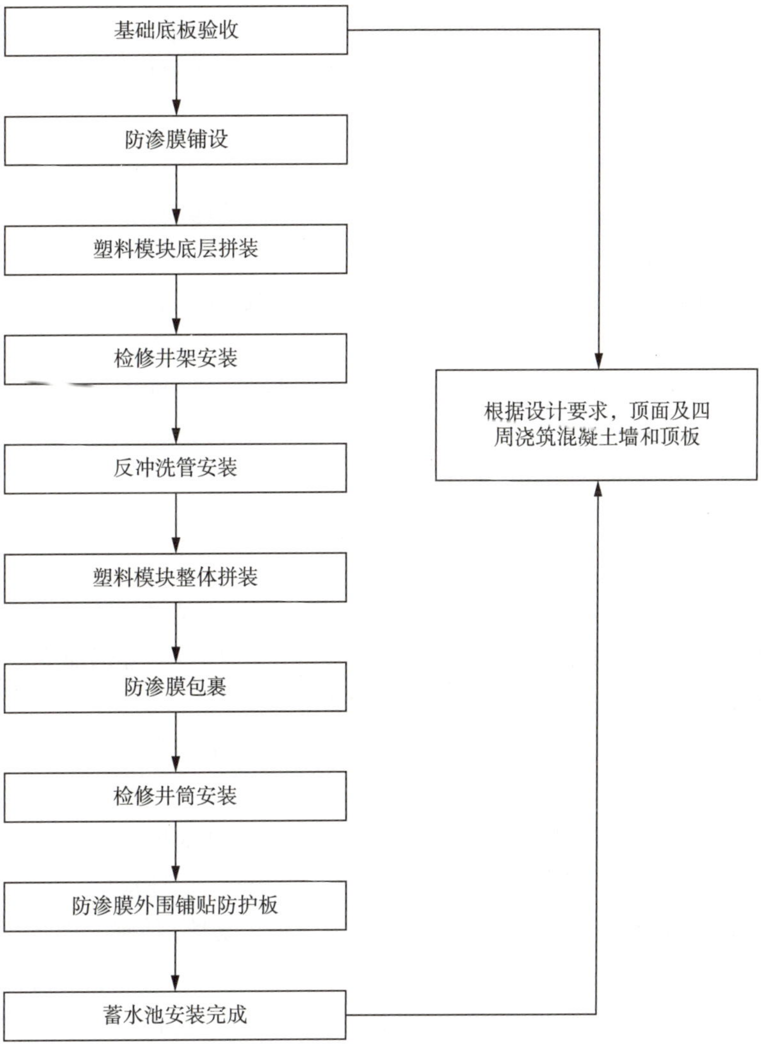

塑料结构蓄水池施工工序图

6.2 防渗膜施工要点

6.2.1 在铺设防渗膜前应对混凝土底板进行验收，检查底板位置偏差、平整度、标高、强度等是否符合设计要求。若底板平整度偏差较大，应铺设细沙找平。

6.2.2 防渗膜铺设前应将基础底板清理干净，避免有石子等尖锐物对防渗膜造成损坏。分别找出防渗膜与基础底板中心点，先纵向后横向展开，并用软绳挂起固定，保持底部平整。

6.2.3 运输、搬运及吊装过程中应做好防渗膜成品保护，避免防渗膜受到磨损或刺破。防渗膜铺设完成后，应对防渗膜进行整体检查，如有破损、漏焊现象，应及时进行补焊。

6.2.4 防渗膜焊接应采用专用热熔焊接工具，热熔机的设定温度、焊接速度，应根据防渗膜的厚度、材质特性等参数确定。避免设定温度过高、过低，造成焊穿孔、未焊透等现象。防渗膜焊接搭接宽度不得低于 100 mm，搭接应平滑顺直，不得有褶皱现象，焊接后用土工布双面覆盖，形成外层保护。焊接宜采用双道焊缝焊接方式，焊接后应及时对焊缝焊接质量进行检测，可在焊层之间充气测试焊接质量。

6.2.5 塑料结构池体安装完成后，应人工张拉防渗膜对池体进行包裹。首先将池体四周的防渗膜拉至池体上端并固定，其次将池体四角的防渗膜顺次折好后同样拉至池体上端并固定，最后铺设固定顶面防渗膜。

6.2.6 土方回填前应用防护板对防渗膜进行包裹防护，避免回填时对防渗膜造成破坏。

6.2.7 考虑到防渗膜材料的热胀冷缩性能，冬季铺设时应绷紧，夏季铺设时应适当松弛。

6.3 塑料模块施工要点

6.3.1 安装前应对塑料模块进行外观检查，模块表面应清洁、光滑，不应有气泡、明显的划伤、杂质、颜色不均等缺陷，模块边缘应无毛刺，模块的外形应完整、无裂损、不脱层、无明显挠曲现象，浇口不影响板面平衡放置。

6.3.2 在防渗膜上标记出模块拼装外围线、检修井位置。底层模块拼装应从一个角定位开始，扩展码放。

6.3.3 检修井应按照设计位置安装固定，检修井结构强度不得低于模块结构强度。检修井与模块应紧贴，检修井与模块间隙不得大于 3 mm，保证检修井与模块共同受力。若检修井为圆形结构，在每层模块受力处应安装方形稳定支撑，使圆形检修井与模块紧贴，共同受力。

6.3.4 底层模块铺设完毕后，安装反冲洗支管和总管。反冲洗支管铺设间距应符合设计要求，设计无要求时，反冲洗支管间距应小于 1000 mm。反冲洗总管应预留在检修井内，预留长度应高出地面。

6.3.5 模块应分层、分批按照“L”型顺序拼装。模块上下支撑柱应对齐，支撑柱连接点应卡牢、可靠。不得出现支撑柱错位现象。模块与模块之间水平方向应有效连接。

6.3.6 模块四周侧压板应全部安装到位，不得漏装。

6.3.7 模块拼装完成后，应对模块拼装质量进行全面检查，验收合格后方可进行防渗膜包裹。

6.3.8 蓄水池施工完毕后必须进行满水试验。满水试验应符合本篇 10.2 节内容要求。

7 混凝土结构蓄水池施工

7.1 混凝土结构蓄水池施工工序

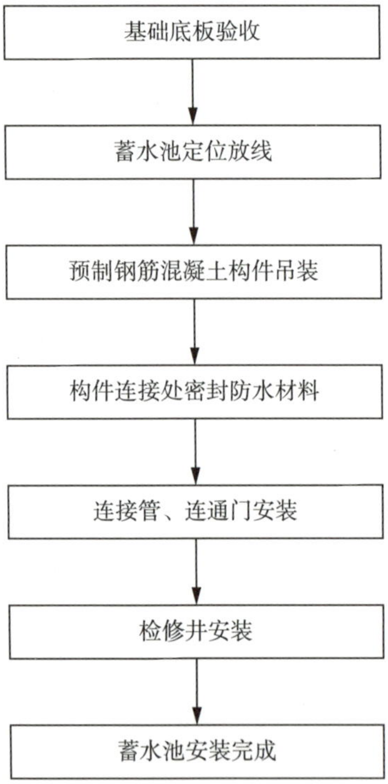

混凝土结构蓄水池施工工序图

7.2 混凝土结构蓄水池施工要点

7.2.1 施工前应制定专项施工方案，施工方案的内容应包括混凝土构件安装及节点施工方案、混凝土构件安装的质量管理及安全措施等。

7.2.2 预制混凝土构件运输及吊装时，应符合吊运强度设计要求，设计无要求时，不应低于设计强度的 75%。

7.2.3 预制混凝土构件堆放场地应平整、坚实，并应有排水措施。预制混凝土构件安装前，应复验合格。

7.2.4　预制混凝土构件之间的连接应按设计要求进行施工，并不得出现渗漏现象。

7.2.5　预制混凝土构件应按设计位置起吊，并保证起吊过程不对构件造成不良影响。

7.2.6　预制混凝土构件吊装就位后，应及时校准并采取临时固定措施，并应符合《混凝土结构工程施工规范》（GB 50666）的相关规定。

7.2.7　预制混凝土构件安装前应对其外观、裂缝等情况进行检验，并应按设计要求及相关规定进行结构性能检验。有裂缝的构件应进行鉴定，不合格的必须更换。

7.2.8　后浇混凝土的施工应符合以下规定：

（1）预制混凝土构件结合面疏松部分的混凝土应剔除并清理干净；

（2）模板应保证后浇混凝土部分形状、尺寸和位置准确，并应防止漏浆；

（3）在浇筑混凝土前应洒水润湿结合面，混凝土应振捣密实；

（4）后浇混凝土部位在浇筑前应进行隐蔽工程验收。

7.2.9　混凝土构件连接部位后浇混凝土的强度达到设计要求后，才可拆除临时固定措施。

7.2.10　未经设计允许不得对预制混凝土构件进行切割、开洞。

7.2.11　混凝土构件接缝防水施工前，应将板缝孔清理干净，按设计要求采用密封材料进行填缝处理。

7.2.12　预制混凝土构件采用焊接连接时，其焊接质量应符合设计要求和相关规定。

7.2.13　预制混凝土构件采用螺栓连接时，螺栓的材质、规格、拧紧力矩应符合设计要求和相关规定。

7.2.14　蓄水池施工完毕后必须进行满水试验。满水试验应符合本篇 10.2 节内容要求。

7.2.15　装配式混凝土结构蓄水池施工除符合设计要求外，还应符合《给水排水构筑物工程施工及验收规范》（GB 50141）、《装配式混凝土结构技术规程》（JGJ 1）、《混凝土结构工程施工质量验收规范》（GB 50204）中的相关规定。

8 高密度聚乙烯蓄水管笼施工

8.1 高密度聚乙烯蓄水管笼施工工序

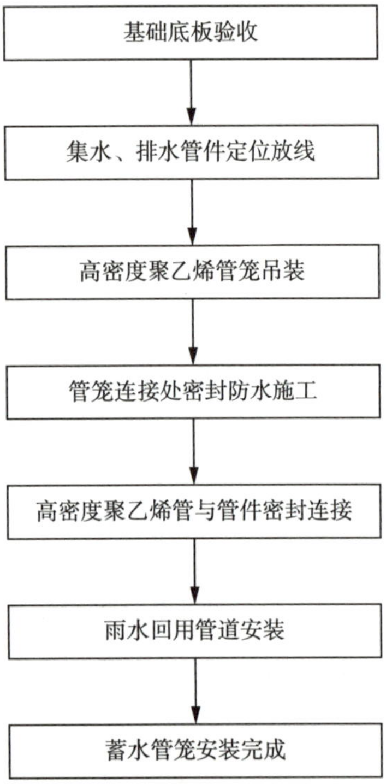

高密度聚乙烯蓄水管笼施工工序图

8.2 高密度聚乙烯蓄水管笼施工要点

8.2.1 管笼施工应符合《埋地聚乙烯排水管管道工程技术规程》(CECS 164) 的要求。

8.2.2 施工中及时复测控制点及控制线，严格控制管笼中线、埋深深度、坐标精度，确保管笼与雨水收集口、雨水排水口、雨水回用口的结构关系。

8.2.3 管笼安装宜用机械配合人工进行。严禁用金属绳索吊装两端管口或将管道自槽边翻滚抛入槽中。

8.2.4 管道长短的调整，可用手动或电动工具切割，注意保持切口断面的垂直度和平整度。

8.2.5 安装管笼过程中，及时对管笼的管口、胶圈直径、管壁有无破损等进行检查，有破损现象的不得使用。

8.2.6 管笼的接口橡胶圈不应有气孔、裂缝、重皮等现象，橡胶圈性能应符合下表的要求。

橡胶圈的性能要求一览表

邵氏硬度	伸长率（%）	拉断强度（MPa）	永久变形（%）	老化系数
45~55	≥ 500	≥ 16	< 20	> 0.82

8.2.7　管笼从下游开始安装，连续敷设至上游收集口、排水口、回用口。

8.2.8　管笼安装时注意插口、承口的接口方向，进水方向为承口方向。

8.2.9　雨水收集口应注意成品保护，防止施工时雨水收集口堵塞。

8.2.10　排水口、雨水回用口施工应注意雨水排水口、雨水回用口闸阀的开启方向。

8.2.11　管笼施工完毕后必须进行满水试验。满水试验应符合本篇10.2节内容要求。

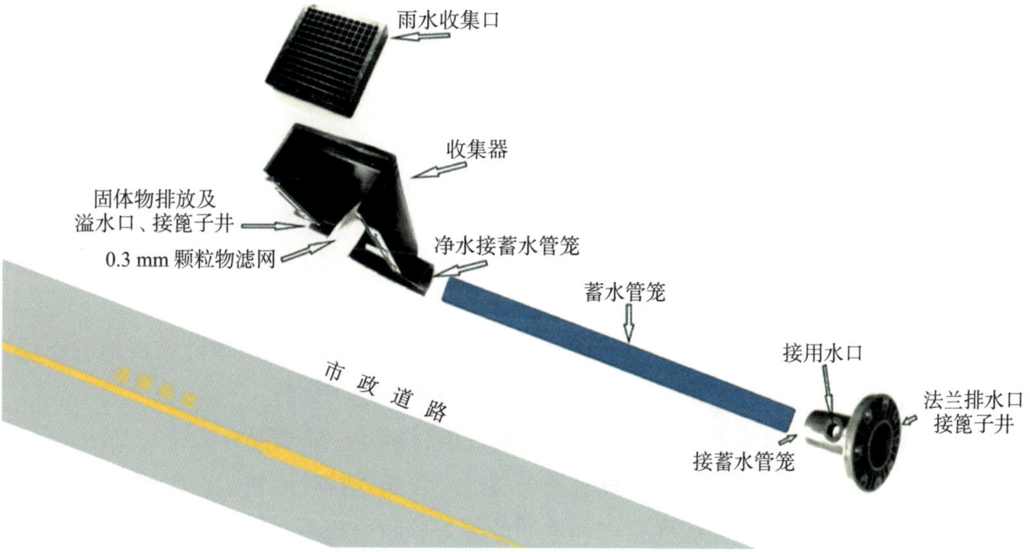

管笼连接示意图

9 管道、设施及设备安装

9.1 管道和地埋设施安装

9.1.1 雨水收集回用系统给水排水管施工应符合《给水排水管道工程施工及验收规范》(GB 50268)的相关规定。

9.1.2 地埋设施采用现场砌体结构的,进入现场的砖、石、水泥、砂等材料应符合《砌体工程施工质量验收规范》(GB 50203)、《给水排水构筑物工程施工及验收规范》(GB 50141)的相关规定。

9.1.3 地埋设施砌体结构预埋管洞口结构应加强,并有防渗措施。设计无要求时,可采用管外包封混凝土法,金属管还应加焊止水环后包封。包封混凝土抗压强度等级不小于 C25,管外浇筑厚度不小于 150 mm。

9.1.4 砌筑完毕后,应立即进行养护,养护时间不少于 7 天。

9.1.5 地埋设施采用成品设备的,应浇筑混凝土垫层。设计无要求时,垫层厚度不应小于 100 mm,平面尺寸应大于设备底面,混凝土强度等级不应低于 C15。

9.1.6 地埋设施井坑开挖应与管道沟槽同时进行,并应保持井底座主管道与管沟中的管道在同一轴线上。

9.1.7 施工时如发生井坑被水浸泡的情况,应先将水排除,然后清除被浸泡的土层,再换填砂砾石或中粗砂,夯实达到设计要求后再进行下一道工序施工。

9.1.8 地埋设施管道沟槽开挖应平整,根据管道材料及土质情况夯实管道基础。管道铺设必须牢固,管道安装后应线性平直。管道与地埋设施连接处应密封,无渗漏。

9.1.9 地埋设施井坑回填应在管道和地埋设施等验收合格后,与管道沟槽的回填同时进行。回填土应从井底部分层、对称回填、夯实,每层厚度不宜超过 300 mm。回填时井坑和沟槽内应无积水,不得带水回填,不得回填淤泥、垃圾和膨胀土等,回填土中不得含有石块、砖块及其他硬杂物,不得造成设施位移或倾斜,同时避免地埋设施及周边出现沉降。

9.1.10 收集管、地埋设施施工时,注意相互间的竖向关系,保证雨水重力自流进入蓄水池。

9.1.11 当地埋设施井或管道位于道路路基范围内时,应采用石灰土、砂、砂砾等材料回填,其每侧回填宽度不宜小于 400 mm。

9.1.12　雨水给水管道上不得装设取水龙头，并应采取下列防止误接、误用、误饮措施：

（1）雨水给水管外壁应按设计规定涂色或标识；

（2）当设有取水口时，应设锁具或专门开启工具；

（3）水池、阀门、水表、给水栓、取水口均应有明显的“雨水”标识。

9.2　仪表和控制、监测设备安装

9.2.1　仪表和控制、监测设备安装工程的施工，应按设计和安装使用说明书进行，同时应符合《自动化仪表工程施工及质量验收规范》（GB 50093）和《给水排水仪表自动化控制工程施工及验收规程》（CECS 162）中的相关规定。

（a）雨水远程智慧管理站　　（b）雨水微型处理站

配套设备

实时监测

9.2.2 仪表、设备的安装应牢固、整齐、美观，设备位号、端子标号、用途标牌、操作标志及其他标志应完整无缺，书写正确清楚。

9.2.3 控制系统安装应垂直、平整、牢固，应安装在光线充足、通风良好、操作维修方便的地方。安装在有振动影响的地方时，应采取减振措施。

9.2.4 控制设备安装就位前必须检查是否满足设备说明书的要求（空间是否充足、地面是否结实、安装固定装置与设备是否配套、地下走线槽是否合理、供电电源系统是否符合要求等）。

9.2.5 控制设备就位固定后按照接线图连接，接线之前必须确保所有相关电源处于断开状态。

9.2.6 仔细检查并核对控制设备各部件的连接线、电源线、地线、信号线是否连接正确。确认无误后，再检查各部件的电源开关是否处于断开状态，然后逐个接通各部件的电源，通电检查是否正常；启动系统的测试程序进行系统自检，检查所有硬件是否正常工作。

9.2.7 仪表与管道直接连接时，仪表上法兰的轴线应与管道轴线重合，固定时应使其受力均匀。安装完毕后，应随同管道一起进行压力试验。

9.2.8 所有进出受保护区的金属线路（如电气线路、信号线路等），如接入受保护的设备，必须加装防雷保护器。所有保护器都应可靠接地。

9.2.9 电磁流量计应安装在满管流的位置，非满管流量计应安装在液面相对稳定的地方。电磁流量计在垂直的管道上安装时，被测介质的流向应自下而上。各类型流量计安装位置均应满足仪表前后直管段要求。

9.2.10 水质监测仪应安装在水流稳定、反映真实成分、具有代表性的地方。

9.2.11 监测设备宜采用光伏供电，光伏发电板应安装在室外空旷处。

10　功能性试验

10.1　一般要求

雨水收集和排放无压管道在回填土前应进行无压力管道严密性试验，雨水给水管道应做压力试验，试验结果应符合设计要求和《给水排水管道工程施工及验收规范》（GB 50268）的相关规定。

10.2　满水试验

10.2.1　满水试验的准备应符合以下规定：

（1）选定洁净、充足的水源，注水和放水系统设施及安全措施准备完毕；

（2）池体顶部的通气孔、人孔盖已安装完毕，必要的防护设施和照明等标志已配置齐全；

（3）安装水位观测标尺、标定水位测针。

10.2.2　在注水过程中和注水以后，应对池体做外观和沉降量检测；发现渗水量或沉降量过大时，应停止注水，待做出妥善处理后方可继续注水。

10.2.3　注水至设计水深 24 h 后，开始测读水位测针的初读数。

10.2.4　测读水位的末读数与初读数之间的间隔时间不应小于 24 h。

10.2.5　蓄水池渗水量应按池壁（不含内隔墙、塑料结构蓄水池以四周防渗膜面积计算）和池底的浸湿面积计算。蓄水池渗水量应符合设计要求，并不得超过 3 $L/(m^2 \cdot d)$。渗水量如超过规定标准，应检查出原因所在，处理后重新进行测定。

10.2.6　雨天时，不应进行满水试验杂糅。

10.2.7　蓄水池满水试验要求，还应符合《建筑与小区雨水控制及利用工程技术规范》（GB 50400）、《给水排水构筑物工程施工及验收规范》（GB 50141）中相关规定。

10.2.8　满水试验记录表参见附表 7。

11 质量验收

11.0.1 地埋装配式雨水收集回用系统工程施工质量验收应在施工单位自检合格基础上，按分项工程、分部工程、单位工程的顺序进行，具体内容参见附表 1。

11.0.2 地埋装配式雨水收集回用系统质量验收还应符合《建筑与小区雨水控制及利用工程技术规范》（GB 50400）、《给水排水构筑物工程施工及验收规范》（GB 50141）中的相关规定。

11.0.3 工程经过竣工验收合格后，方可投入使用。

11.0.4 相关验收用表参照附表 2~ 附表 4。

12 附表

附表 1：单位工程、分部工程、分项工程划分表

单位工程	分部工程		分项工程	检验批
地埋装配式雨水收集回用系统	地基与基础	地基	素土地基、砂和砂石地基	检验批可根据施工及质量控制和专业验收需要进行划分（设备安装部分不设检验批）
		基础工程	混凝土垫层、钢筋混凝土底板	
		基坑支护	钢、木板桩围护结构	
		地下水控制	明排水、井点降水	
		土方	土方开挖、土方回填、场地平整等	
	蓄水池主体结构	装配式钢结构	钢结构的拼装（栓接）、连接缝的密封防水处理、连通门的安装、检修井的安装等	
		装配式塑料结构	防渗膜的铺设与包裹、塑料模块拼装、检修井的安装、反冲洗管的安装等	
		装配式混凝土结构	混凝土预制构件安装、连接缝的密封防水处理、连通管的安装、检修井的安装等	
		高密度聚乙烯蓄水管笼	高密度聚乙烯管笼安装、连接处密封防水处理、管道安装等	
	附属设施	处理设施安装工程	截污设施、弃流设施、设备间、阀门井等	
		仪表与控制、监测设备安装工程	雨水排污提升泵、水表、控制设备、监测设备等	
	给排水管道	按《给水排水管道工程施工及验收规范》（GB 50268）相关规定执行		

附表 2：分项工程质量验收记录表

编号：

工程名称		分部工程名称		分项工程名称	
施工单位		专业工长		项目经理	
验收批名称、部位					
质量验收规范规定的检查项目及验收标准		施工单位检查评定记录		监理（建设）单位验收记录	
1					
2					
3					
4					
5					
6					
7					
施工单位检查评定结果	项目专业质量检查员 年 月 日				
监理（建设）单位验收结论	监理工程师 （建设单位项目专业技术负责人） 年 月 日				

附表 3：分部工程质量验收记录表

编号：

<table>
<tr><td>工程名称</td><td colspan="2"></td><td>分部工程名称</td><td colspan="2"></td></tr>
<tr><td>施工单位</td><td></td><td>技术部门
负责人</td><td></td><td>质量部门
负责人</td><td></td></tr>
<tr><td>序号</td><td>分项工程名称</td><td>验收批数</td><td colspan="2">施工单位检查评定</td><td>验收意见</td></tr>
<tr><td>1</td><td></td><td></td><td colspan="2"></td><td></td></tr>
<tr><td>2</td><td></td><td></td><td colspan="2"></td><td></td></tr>
<tr><td>3</td><td></td><td></td><td colspan="2"></td><td></td></tr>
<tr><td>4</td><td></td><td></td><td colspan="2"></td><td></td></tr>
<tr><td>5</td><td></td><td></td><td colspan="2"></td><td></td></tr>
<tr><td colspan="2">质量控制资料</td><td colspan="4"></td></tr>
<tr><td colspan="2">安全和功能检验（检测）
报告</td><td colspan="4"></td></tr>
<tr><td colspan="2">观感质量验收</td><td colspan="4"></td></tr>
<tr><td rowspan="4">验收单位</td><td>施工单位</td><td colspan="4">项目经理
年　月　日</td></tr>
<tr><td>监理单位</td><td colspan="4">总监理工程师
年　月　日</td></tr>
<tr><td>设计单位</td><td colspan="4">项目负责人
年　月　日</td></tr>
<tr><td>建设单位</td><td colspan="4">项目专业负责人
年　月　日</td></tr>
</table>

附表 4：单位工程质量竣工验收记录表

编号：

<table>
<tr><td>工程名称</td><td></td><td>工程类型</td><td></td><td>工程造价</td><td></td></tr>
<tr><td>施工单位</td><td></td><td>技术负责人</td><td></td><td>开工日期</td><td></td></tr>
<tr><td>项目经理</td><td></td><td>项目技术负责人</td><td></td><td>竣工日期</td><td></td></tr>
<tr><td>序号</td><td>项目</td><td colspan="2">验收记录</td><td colspan="2">验收结论</td></tr>
<tr><td>1</td><td>分部工程</td><td colspan="2">共　　分部；
经查符合标准及设计要求　　分部</td><td colspan="2"></td></tr>
<tr><td>2</td><td>质量控制资料核查</td><td colspan="2">共　　项；
经审查符合要求　　项；
经核定符合规范要求　　项</td><td colspan="2"></td></tr>
<tr><td>3</td><td>安全和主要使用功能核查及抽查结果</td><td colspan="2">共核查　　项，符合要求　　项；
共抽查　　项，符合要求　　项；
经返工处理符合要求　　项</td><td colspan="2"></td></tr>
<tr><td>4</td><td>观感质量检验</td><td colspan="2">共抽查　　项；
符合要求　　项；
不符合要求　　项</td><td colspan="2"></td></tr>
<tr><td>5</td><td>综合验收结论</td><td colspan="4"></td></tr>
<tr><td rowspan="2">参加验收单位</td><td>建设单位</td><td>监理单位</td><td>设计单位</td><td colspan="2">施工单位</td></tr>
<tr><td>（公章）
单位（项目）负责人
年　月　日</td><td>（公章）
总监理工程师
年　月　日</td><td>（公章）
单位（项目）负责人
年　月　日</td><td colspan="2">（公章）
单位（项目）负责人
年　月　日</td></tr>
</table>

附表 5：单位工程质量控制资料核查表

编号：

<table>
<tr><td>工程名称</td><td colspan="2"></td><td>施工单位</td><td></td></tr>
<tr><td>序号</td><td colspan="2">资料名称</td><td>份数</td><td>核查意见</td></tr>
<tr><td>1</td><td>材料质量保证资料</td><td>原材料、半成品与成品、钢结构构件、塑料模块、混凝土预制构件、设备及配件的出厂质量合格证明及性能检验报告（进口产品的商检报告）、进场复验报告等</td><td></td><td></td></tr>
<tr><td>2</td><td>结构安全和使用功能性检测</td><td>基础承载力检测；蓄水池满水试验；压力管水压试验，无压管严密性试验记录；蓄水池位置和高程等</td><td></td><td></td></tr>
<tr><td>3</td><td>施工测量</td><td>施工放样复核；竣工测量</td><td></td><td></td></tr>
<tr><td>4</td><td>施工技术管理</td><td>施工组织设计、专题施工方案及批复；图纸会审、施工技术交底；设计变更、技术联系单；质量事故处理；材料、设备进场验收；工程会议纪要；施工日记</td><td></td><td></td></tr>
<tr><td>5</td><td>验收记录</td><td>分项、分部、单位工程质量验收记录；隐蔽验收记录</td><td></td><td></td></tr>
<tr><td>6</td><td>施工记录</td><td>地基基础、地层等加固处理及降排水；支护结构施工；混凝土浇筑；预制构件吊装、拼装；预埋、预留</td><td></td><td></td></tr>
<tr><td>7</td><td>竣工图</td><td></td><td></td><td></td></tr>
<tr><td colspan="2">结论

施工项目经理
年　月　日</td><td colspan="3">结论

总监理工程师
年　月　日</td></tr>
</table>

附表 6：单位工程结构安全和使用功能性检测记录表

编号：

工程名称		施工单位	
序号	安全和功能检查项目	资料核查意见	功能抽查结果
1	满水试验记录		
2	压力管水压试验、无压管严密性试验记录		
3	蓄水池位置及高程测量汇总和抽查检验		
4	附属设施位置和高程测量汇总及抽查检验		
5	混凝土试块抗压强度试验汇总（装配式混凝土结构蓄水池）		
6	混凝土试块抗渗试验汇总（装配式混凝土结构蓄水池）		
7	钢结构焊接检测报告（装配式钢结构蓄水池）		
8	塑料模块抗压强度检测报告（装配式塑料模块结构蓄水池）		
结论 施工项目经理 年　月　日		结论 总监理工程师 年　月　日	

附表 7：满水试验记录表

编号：

工程名称			
施工单位			
蓄水池名称		注水日期	年 月 日
蓄水池结构		允许渗水量	L/（m^2·d）
蓄水池平面尺寸（m^2）		水面面积 A_1	m^2
水深（m）		浸湿面积 A_2	m^2
测读记录	初读数	末读数	两次读数差
测读时间 （年 月 日 时 分）			
蓄水池水位 E（mm）			
实际渗水量 q	m^3/d	L/m^2·d	占允许量的百分比率 （%）
试验结论			
监理（建设）单位 监理工程师 （建设单位项目专业技术负责人） 年 月 日		施工单位 项目专业质量检查员 年 月 日	

13 引用标准名录

《自动化仪表工程施工及质量验收规范》（GB 50093）
《给水排水构筑物工程施工及验收规范》（GB 50141）
《建筑地基基础工程施工质量验收标准》（GB 50202）
《混凝土结构工程施工质量验收规范》（GB 50204）
《钢结构工程施工质量验收规范》（GB 50205）
《给水排水管道工程施工及验收规范》（GB 50268）
《建筑工程施工质量验收统一标准》（GB 50300）
《建筑与小区雨水控制及利用工程技术规范》（GB 50400）
《混凝土结构工程施工规范》（GB 50666）
《钢结构工程施工规范》（GB 50755）
《装配式钢结构建筑技术标准》（GB/T 51232）
《给水排水仪表自动化控制工程施工及验收规程》（CECS 162）
《埋地聚乙烯排水管管道工程技术规程》（CECS 164）
《城镇供水水质在线监测技术标准》（CJJ/T 271）
《装配式混凝土结构技术规程》（JGJ 1）
《紧固件机械性能螺栓、螺钉和螺柱》（GB/T 3098.1）
《建筑基坑支护技术规程》（JGJ 120）
《建筑地基基础工程施工规范》（GB 51004）
《砌体工程施工质量验收规范》（GB 50203）
《城镇雨水调蓄工程技术规范》（GB 51174）